JN060203

数学ガールの物理ノート

Mathematical Girls:The Physics Notebook
(Newtonian Mechanics)

ニュートン力学

結城 浩

Hiroshi Yuki

SB Creative

●ホームページのお知らせ

本書に関する最新情報は、以下の URL から入手することができます。

`https://www.hyuki.com/girl/`

この URL は、著者が個人的に運営しているホームページの一部です。

あなたへ

この本では、ユーリ、テトラちゃん、ミルカさん、そして「僕」が数学と物理学の対話を繰り広げます。

彼女たちの話がよくわからなくても、数式の意味がよくわからなくても先に進んでみてください。でも、彼女たちの言葉にはよく耳を傾けてね。

そのとき、あなたも対話に加わることになるのですから。

登場人物紹介

「僕」

高校生、語り手。
数学、特に数式が好き。

ユーリ

中学生、「僕」のいとこ。栗色のポニーテール。
論理的な思考が好きだけど飽きっぽい。

テトラちゃん

「僕」の後輩の高校生、いつも張り切っている《元気少女》。
ショートカットで、大きな目がチャームポイント。

ミルカさん

「僕」のクラスメートの高校生、数学が得意な《饒舌才媛（じょうぜつさいえん）》。
長い黒髪にメタルフレームの眼鏡。

瑞谷（みずたに）先生

「僕」の高校に勤務する司書の先生。

CONTENTS

プロローグ

シュレディンガーが述べたように、
この世界が困惑するほど複雑であるにもかかわらず、
出来事の中に規則性を発見することがあるのは、奇跡である。
——ユージン・ウィグナー[*1]

投げたボールは飛んでいく。
飛んだボールは落ちていく。
それらすべてが、当たり前。
慣れてしまえば、当たり前。

投げたボールは、なぜ飛ぶの？
飛んだボールは、なぜ落ちる？
なぜを問うなら、不思議が満ちる。
慣れた世界に、不思議が満ちる。

手を離したら、リンゴは落ちる。
離したリンゴは、なぜ落ちる？

[*1] Eugene Wigner,“The Unreasonable Effectiveness of Mathematics in the Natural Sciences”, 1960 より（筆者訳）。

夜空の月は、なぜ落ちない？
それとも、月も落ちるのか？

ケプラー、ガリレオ、ニュートン卿（きょう）。
彼らは何を見つけたか。
彼らは何を問うたのか。
どんな言葉で語ったか。

僕らは何を見るだろう。
僕らは何を問うだろう。
世界に潜む法則を、
どんな言葉で知るだろう。
どんな言葉で——語るだろう。

第1章

ボールを投げる

“『どうして？』に答えるのが難しいのは、どうして？”

1.1 ユーリの疑問

ここは**僕**の部屋。いまは土曜日の午後。

いつものように**ユーリ**が遊びにやってきた。

ユーリ「どーして、ボールって**放物線**（ほうぶつせん）になるの？」

僕「どうして、ユーリって出し抜けに質問するんだろう？」

ユーリ「どーして、お兄ちゃんって質問に質問で答えるの？」

僕「ユーリだって、質問に質問で答えているじゃないか」

ユーリは中学生。僕は高校生。

彼女は僕のいとこだけど、小さい頃からいっしょに遊んでいるので、僕のことをいつも《お兄ちゃん》と呼ぶ。

ユーリ「そんなことより、どーして、ボールって放物線になるの？」

僕「話を省略しすぎだよ。ユーリが言いたいのは、

ボールを投げると放物線を描いて飛ぶのはなぜか

ということだよね。ボールが放物線になるわけじゃない。投げたボールが飛ぶときの**軌跡**が放物線になるんだ」

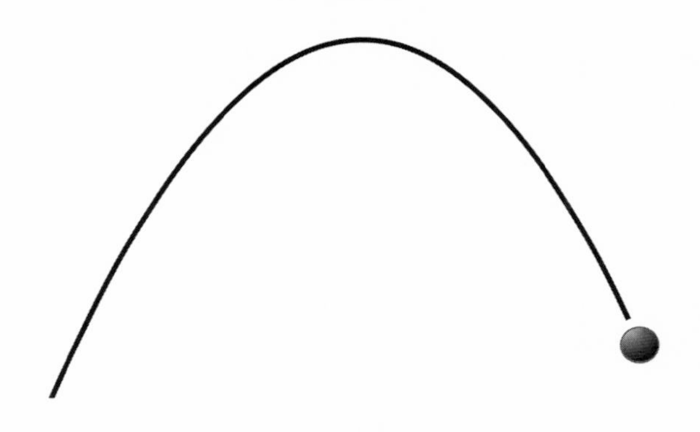

ボールを投げると放物線を描いて飛ぶ

ユーリ「またそーゆー細かい突っ込み入れてくるし。そんで？ 結局、ボールを投げると放物線を描いて飛ぶのはどーして？ 一言で説明して！」

僕「しいて一言で答えるなら、投げたボールは——

- 水平方向には等速度で運動して、
- 鉛直方向には等加速度で運動しているから。

——となるかな。鉛直方向とは重力の方向のことだよ」

ユーリ「……やっぱり説明はいいや。じゃあね、バイバイ！」

ユーリは手を振って、わざとらしく帰るそぶりを見せる。

僕「ちょっと待った！」

僕は大げさに手を伸ばして、引き留める仕草をする。

ユーリ「難しい言葉をポンポン出されてもわかんないよ！」

僕「それはユーリが『一言で説明して』なんて言うからだよ」

ユーリ「だって、パパッと知りたいんだもん」

僕「いきなり一言で説明するのは難しいなあ」

ユーリ「えー、そんなに難しいの？」

僕「順を追って話せばそんなに難しくはないよ。じゃ、投げたボールが放物線になる理由をちゃんと話そうか」

ユーリ「話して話して！……でも、投げたボールが放物線になるんじゃないよ。投げたボールの軌跡が放物線になるんだよ、お兄ちゃん！」

仲良しコンビ、僕とユーリの対話は、こんなふうに始まった。

1.2　疑問の理由

僕「真面目に話そう。ユーリは『ボールを投げると放物線を描いて飛ぶのはなぜか』という疑問を持ったんだよね」

ユーリ「うん、そーだよ」

僕「でもユーリは《ボールを投げると放物線を描いて飛ぶ》こと自体は知ってる。どうして改めて疑問に思ったんだろう」

ユーリ「いろいろ考えているうちに『あれ？』って思った」

僕「いや、その**いろいろ**を具体的に聞きたいんだけど」

ユーリ「ほほー……あのね。ボールを投げると放物線を描いて飛ぶってゆーのは知ってるの。でもボールって、強く投げても弱く投げても——**どんな強さで投げても放物線になる**でしょ？ それが不思議」

僕「なるほど」

ユーリ「それからね、ボールって高く投げたり低く投げたりするじゃん。キャッチボールするとき、ちょうど相手に届くように角度を調節する。**どんな角度で投げても放物線になる**でしょ？ それも不思議」

僕「なるほどなあ……」

ユーリ「そんな感じ。で、どーすんの？」

僕「うん。投げたボールがどんな運動をするのかを考えていこう。そのために、まずはボールを落とすところから考えてみようか。ちょうど**ガリレオ・ガリレイ**みたいに」

1.3　ガリレオの実験

ユーリ「ガリレオ、知ってる」

ガリレオ・ガリレイ[*1]

僕「ガリレオは、物体の運動を**実験**で研究したんだ」

ユーリ「実験？　理科の授業みたい」

僕「学校で実験するのは、科学にとって実験が大切だからだね。そして実験が大切だと示したのはそもそもガリレオなんだ。当時の人たちは文献をよりどころにして研究していたけれど、ガリレオは、実験をよりどころにして物体の運動を研究したんだよ」

ユーリ「へー、他の人はボール投げたりしなかったの？」

僕「ボールを投げれば飛ぶし、飛んだボールが曲線を描いて落ちてくることはみんな知ってただろうね。でも、どんな落ち方をするのか実験して確かめる人はいなかったんだ」

---

*1 ガリレオ・ガリレイ（Galileo Galilei）, 1564–1642.
この肖像画は Justus Sustermans によるものです。

ユーリ「ボールを投げて、横から動画で撮ればいいのにね」

僕「ガリレオも、動画撮影なんてできなかったよ」

ユーリ「何で撮影できなかったの？」

僕「ガリレオの活動は16世紀から17世紀。カメラの発明は19世紀。要するにガリレオは、カメラが存在しない時代に実験していたからね」

ユーリ「なかったのかー！ ……ちょっと待って。だったら、どーやって実験したの？」

僕「ボールは速く落ちるから、どのくらいの時間で、どのくらい落ちるかを正確に調べるのは難しい。だから、斜面を転がしたんだ」

ユーリ「遅くして計りやすくしたってこと？」

僕「そういうこと。数メートルの板に溝をまっすぐに掘って磨き、滑らかな羊皮紙を貼る。その板の端を数十センチ上げて傾け、真鍮（しんちゅう）のボールを置いてそっと手を離す。そして、ボールが転がって下に落ちるまでにどのくらいの時間が掛かるかを計った」

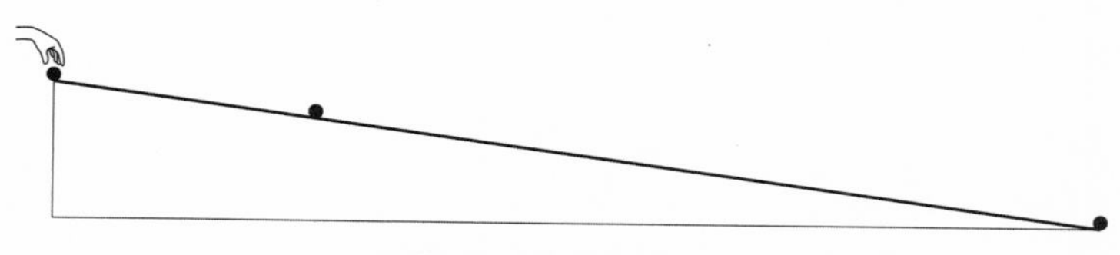

傾けた板の上からボールを転がす

ユーリ「ほほー……」

僕「ストップウォッチもなかった。時間を計るためには**水**を使った。水槽から細い管で流した水をコップに受ける。そして溜まった水の重さで時間を計ったんだ。**水時計**だね」

ユーリ「水時計！」

僕「ボールの運動を調べるには、ボールが『いつ、どこにあるか』という情報が必要になる。つまり、

- いつ……時刻
- どこ……位置

にあるかが大事なんだ。**時刻**と**位置**だね」

ユーリ「じこくと、いち」

僕「ガリレオは実験を百回以上も繰り返した。それから、板の角度を変えたり、ボールを置く位置を変えたりして、また繰り返して実験した」

ユーリ「それで、どーなったの？」

僕「ガリレオの実験の結果を、時刻と位置の表にまとめると、たとえばこうなる」

時刻	0	1	2	3	4	5	6
位置	0	1	4	9	16	25	36

時刻と位置

ユーリ「ふんふん」

僕「ボールから手を離した瞬間の時刻を 0 として、そのときの

ボールの位置を 0 とする」

ユーリ「落ち始め」

僕「そういうこと。時刻が 0, 1, 2, 3, 4, 5, 6 のときに、位置はそれぞれ 0, 1, 4, 9, 16, 25, 36 となった」

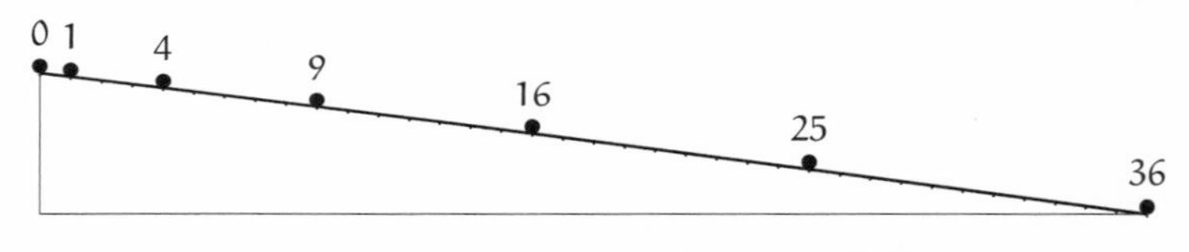

時刻 0, 1, 2, 3, 4, 5, 6 **でのボールの位置**

ユーリ「だんだん速くなってく」

僕「速くなってるねえ。時刻が 1 進むごとに、ボールの位置はこんなふうに変化してる」

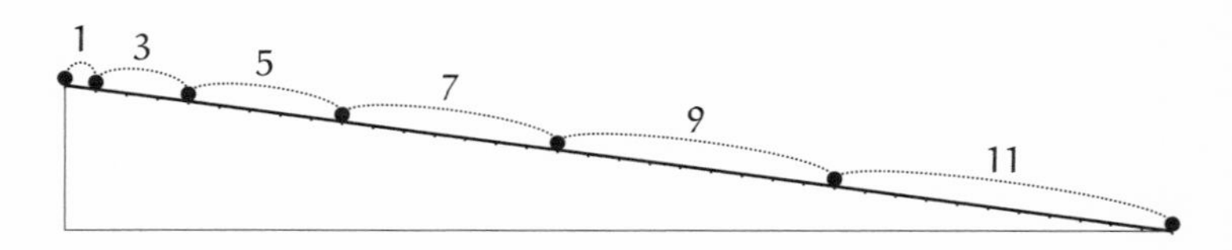

ユーリ「だんだん広くなってく」

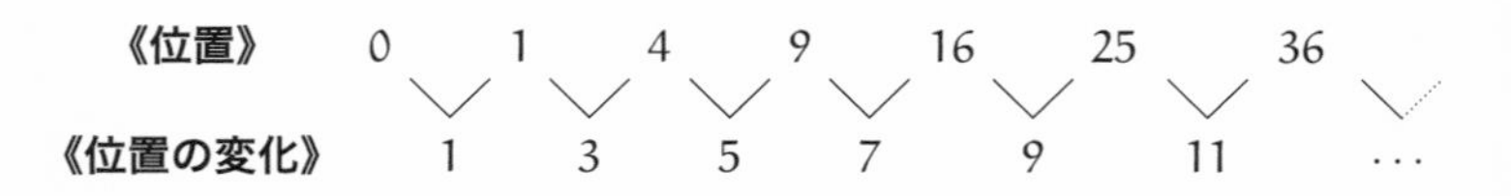

僕「うん、そうだね。《位置の変化》はだんだん大きくなっている。《掛かった時間》はいつも 1 だから**速度**(そくど)の大きさがだんだん大きくなっているといえる」

ユーリ「そくど？」

僕「《速度》というのは、《位置の変化》を《掛かった時間》で割ったもの。《速度》の定義はこうだよ。この《速度》は正確には《平均の速度》というものだけど[*2]」

$$
\begin{aligned}
\text{《速度》} &= \frac{\text{《位置の変化》}}{\text{《掛かった時間》}} \\
&= \frac{\text{《変化後の位置》} - \text{《変化前の位置》}}{\text{《変化後の時刻》} - \text{《変化前の時刻》}}
\end{aligned}
$$

ユーリ「この話、聞いたことある[*3]」

僕「そうだね。たとえば、時刻 3 から 4 までの速度を考えてみよう」

時刻	0	1	2	3	4	5	6
位置	0	1	4	9	16	25	36

時刻と位置（再掲）

- （変化前）時刻 3 のとき、ボールの位置は 9
- （変化後）時刻 4 のとき、ボールの位置は 16

僕「これを使って時刻 3 から 4 までの《速度》を計算できる。

---

*2 「付録：《平均の速度》と《瞬間の速度》」を参照（p. 38）。
*3 『数学ガールの秘密ノート／微分を追いかけて』参照。

$$\begin{aligned}
《速度》&=\frac{《位置の変化》}{《掛かった時間》} && 《速度》の定義から\\
&=\frac{《変化後の位置》-《変化前の位置》}{《変化後の時刻》-《変化前の時刻》}\\
&=\frac{《位置の変化》}{4-3} && 時刻が 3 から 4 に変化すると……\\
&=\frac{16-9}{4-3} && 位置は 9 から 16 に変化する\\
&=\frac{7}{1} && 16-9=7 で 4-3=1 だから\\
&=7
\end{aligned}$$

だから、時刻 3 から 4 までの速度は 7 になる。同様に計算すれば、速度は $1,3,5,7,9,11$ と大きくなっていくことがわかる」

$$\begin{aligned}
《時刻 0 から 1 までの速度》&=\frac{1-0}{1-0}=1\\
《時刻 1 から 2 までの速度》&=\frac{4-1}{2-1}=3\\
《時刻 2 から 3 までの速度》&=\frac{9-4}{3-2}=5\\
《時刻 3 から 4 までの速度》&=\frac{16-9}{4-3}=7\\
《時刻 4 から 5 までの速度》&=\frac{25-16}{5-4}=9\\
《時刻 5 から 6 までの速度》&=\frac{36-25}{6-5}=11
\end{aligned}$$

ユーリ「$1,3,5,7,9,11$ とだんだん速くなる」

僕「うん。もっと詳しくどんなふうに大きくなっていくかを調べてみよう。《位置の変化》のときと同じように《速度の変化》も調べることができる」

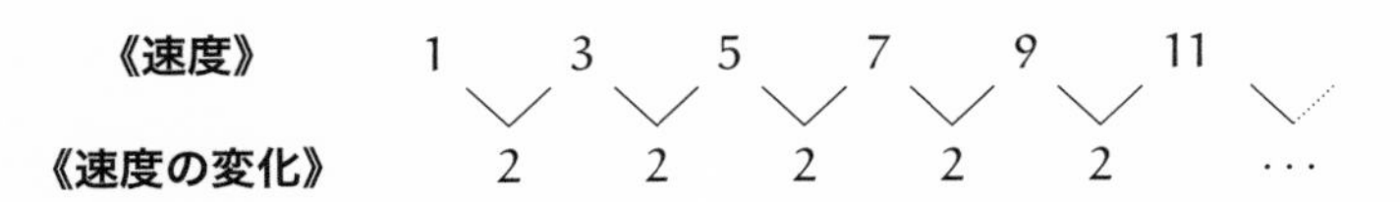

ユーリ「全部2になった」

僕「そうだね。《速度の変化》はいつも2になっている。一定だ」

ユーリ「一定……？」

僕「そうだよ。時間が経つにつれて《速度》はだんだん大きくなる。でも、《速度の変化》はいつも一定になってる。同じペースで《速度》が大きくなってるってこと」

ユーリ「あっ、わかったわかった。《速度》と《速度の変化》は違うんだ」

僕「そうだね。そして、《速度の変化》を《掛かった時間》で割ったものを**加速度**（かそくど）という。加速度の定義はこうだよ」

$$《加速度》=\frac{《速度の変化》}{《掛かった時間》}$$

ユーリ「《速度》と似てる」

僕「そっくりだね。

$$《速度》=\frac{《位置の変化》}{《掛かった時間》}$$

$$《加速度》=\frac{《速度の変化》}{《掛かった時間》}$$

板の上を一直線に転がり落ちるボールの《加速度》はいつも一定になってる。これをボールが**等加速度**で運動しているという」

ユーリ「でもこの話って、真下に落とす実験になってないよ」

僕「ガリレオの実験では、板の傾きがどうなっていても、ボールは等加速度で落ちていった。板が地面に対して垂直になったときは速すぎて計れないけれど、そのときも同じように進むと推論したんだ。そしてもちろん僕たちの時代には、実験結果をもっと正確に記録できる。そして等加速度で運動することが実験でわかっている」

ユーリ「ダウト！」

僕「何がダウト？」

ユーリ「板の傾きが大きかったらボールは速くなるよね？　傾きがどーなっても等加速度っておかしくない？」

僕「ああ、いまのは僕の説明がまずかった。板の傾きが小さいときと大きいときを比べたら、傾きが大きいときの方が加速度は大きくなるし、一定時間後の速度も大きくなる。それはその通り」

ユーリ「だよね」

僕「言いたかったのは、板の傾きがどうであっても、そのときの加速度は一定で、時刻によって変化しないという意味」

ユーリ「わかんね」

僕「ちゃんと話そう。さっきは簡単のために時刻が1になったときの位置が1になる表で説明した」

時刻	0	1	2	3	4	5	6
位置	0	1	4	9	16	25	36

時刻と位置（再掲）

ユーリ「……」

僕「板の傾きを変えると、たとえばこんな表になる」

時刻	0	1	2	3	4	5	6
位置	0	A	4A	9A	16A	25A	36A

時刻と位置（板の傾きを変えた例）

ユーリ「4A は 4 × A ってことだよね。A（エイ）って何じゃ？」

僕「時刻が 1 のときの位置を A で表したんだ。つまり時刻が 0 から 1 まで経過するときに A だけ転がったとする。板の傾きを大きくすれば A も大きくなるし、板の傾きを小さくすれば A も小さくなる」

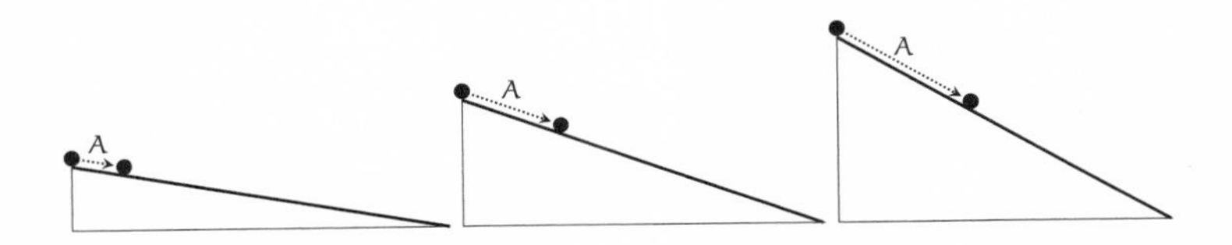

ユーリ「うんうん」

僕「だとしても、さっきと同じように加速度を計算すると、加速度はいつも一定になることがわかる」

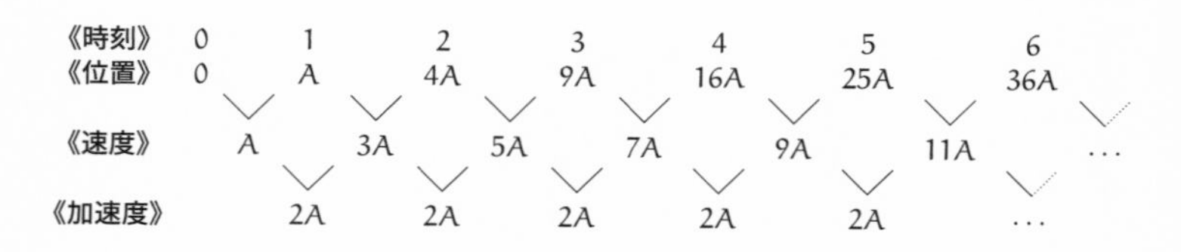

ユーリ「あー……そーゆー意味？　傾きがどーなってても、加速度はいつも 2A で一定？」

僕「うん。板の傾きがどうなっていても、ボールは等加速度で運動するといったのはそういう意味」

ユーリ「だったらナットク」

僕「ガリレオの実験結果は、

《落下するボールは等加速度で運動する》

と表現することもできるし、

《落下距離は、落下時間の 2 乗に比例する》

と表現することもできる」

ユーリ「お？」

僕「時刻を t（ティー）で表して、位置を y（ワイ）で表すことにする。そうすると、時刻 t と位置 y は、さっきの表に出てきた A を使って、

$$y = At^2$$

という式で表せるからね。

- t は、手を離してから落ちている時間に相当する。
- y は、手を離してから落ちた距離に相当する。

だから、ガリレオの実験結果は、

《落下距離は、落下時間の 2 乗に比例する》

ということもできる。A は板の傾きで決まる定数になる」

ユーリ「数式が出てきた。数式マニア登場！」

僕「そんな難しい数式じゃないよね。y, A, t などの文字が何を表しているかわかっていれば、数式で言いたいことが正確に伝えられる。**《数式は言葉》**なんだ」

ユーリ「おおー」

1.4　科学と実験

僕「ガリレオの時代から約四百年も経ったけど、実験がとても大切なのは、現代の科学でもまったく同じなんだよ」

ユーリ「実験ってそんなに大切なんだ。ユーリ、試しにやってみるのが実験だと思ってた」

僕「実験は大切だよ。だって、僕たちがこの世界の物理法則を確かめる唯一の方法なんだから」

ユーリ「え！　そーなの？　実験ってそんなにすごいことなの？」

僕「そうだよ。僕たちがこの世界の物理法則を確かめたいと思ったら、究極的には実際にやってみるしかない。繰り返し実験して、どうも毎回同じ結果になるらしいとわかる。僕たちはそうやって、この世界に潜んでいる物理法則を研究することがができる」

ユーリ「ちょっと待って……そんなの、不可能だよね」

僕「不可能？　実験が不可能だってこと？」

ユーリ「あのね、理科の実験で時間や長さを計るときに少しズレたりするじゃん？　グラフを描いてもビシッと決まんないんだよねー。それなのに物理法則なんて確かめられんの？」

僕「うん、実験して何かを調べるときには必ず**誤差**があるのは確かだね。どんな機械で計っても、無限の正確さで計れるわけじゃない。ガリレオの実験にしてもそうだよ。溝にはわずかながらも凸凹があるし、時計だって水時計だ。空気の抵抗もある。でも、実験は無駄じゃない」

ユーリ「完全な正確さでバシッとわかんなくても、意味あるの？」

僕「うん、意味あるよ。計るときの誤差がなく、風が吹いたりすることもなく、溝には凸凹がまったくなく、時計が正確に時を刻んでいるという理想的な状態を考えて、《落下距離は落下時間の 2 乗に比例する》という**仮説**を立てる」

ユーリ「かせつ」

僕「そして、何度も**実験**をする。そして、仮説と、実験結果とを比較して検討するんだ。誤差があったとしても、実験を繰り返し行えば、その誤差の影響を小さくできる」

ユーリ「1 なのに 1.001 と長めにズレたり、0.999 みたいに短めにズレるときもあるから？」

僕「そういうこと。繰り返し行った実験の結果が、実験の精度を考慮して仮説から外れないなら、その仮説は生きのこる。もしも外れるならば――」

ユーリ「その仮説はダメだから捨てちゃう！」

僕「というよりも、何か見逃している条件があるんじゃないかと考える。仮説を修正できないかを考えるということだね。どのくらい大きな修正が必要かは、実験結果が仮説からどのくらい大きく外れているかによるわけだ」

ユーリ「うっわー……めんどくさそう！ 全部なしにして、最初から全部作り直した方が楽じゃないの？」

僕「過激だな。ガリレオがとてもすごいのは、無視すべきことと、重視すべきことをしっかり見分けたからなんだ」

ユーリ「無視すべきことって？」

僕「たとえば、板の凸凹をまずはないものとして考えるとかね。いろんなことを考慮するのは大事だけど、考慮しすぎると何も考えを進められなくなる」

ユーリ「細かいことは気にすんなって意味？」

僕「というか、いまは何が大事なのかをちゃんと見極めるという意味。板の凸凹までを最初から考慮して理論を考えるんじゃない。そのためにガリレオは板の表面をつるつるに磨いてできるだけ凸凹の影響を少なくしようとした。自分が考える理想的な状態に近づけようとしたんだね。そうしたからこそ《落下距離が落下時間の2乗に比例する》ことが確かめられた」

ユーリ「ふーん……」

僕「ガリレオはその時代にできる正確さで実験をして確かめたけれど、何度も繰り返して、さらに理想的な状態に近づけたわけだ。そして、落下距離が落下時間の2乗に比例するという仮説から大きく外れる結果は出なかったんだ。ガリレオは後になって振り子の等時性（とうじせい）を発見して、より正確な時計を作ることに成功している。必要な実験道具も自分で作ったんだね」

ユーリ「すげー！」

僕「現代は、ガリレオの時代よりもはるかに正確な実験ができる。それこそ動画も撮れる。でも、ガリレオが発見した、

《落下距離は、落下時間の2乗に比例する》

という法則をひっくり返すような結果はまったくない。ガリレオの時代でも現代でも、物体の落下距離は、落下時間の2乗に比例する」

ユーリ「お兄ちゃんの話はよーくわかった！　実験が物理法則を調べるために大事なことだってゆーのもわかった。実験が無限に正確じゃなくても意味あることもわかった。けど……」

僕「けど？」

ユーリ「ユーリの疑問はどーなったの？　ボールを投げると放物線を描いて飛ぶのはどーして？」

僕「え？　ずっとその話をしてたんだけどな……」

ユーリ「ボールを板で転がしたり上から落としたりする話じゃなくて、ユーリが知りたいのは投げるときなんだもん」

1.5　水平方向にボールを投げる実験

僕「じゃあ、こんなふうにボールを水平方向に投げることにする」

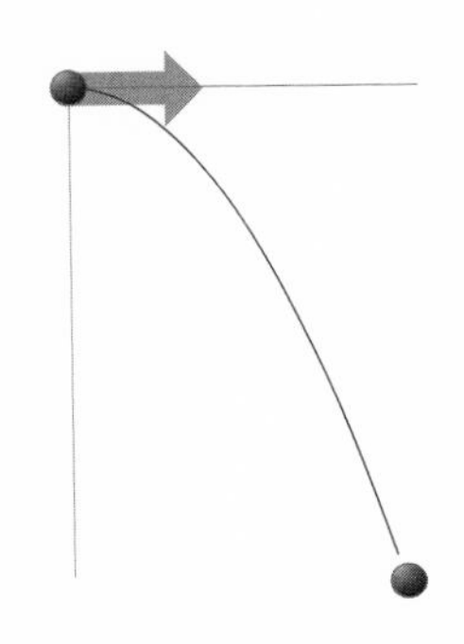

ユーリ「ひゅーっと落ちてく」

僕「ボールの位置を座標平面上の点で表すことにしよう」

ユーリ「ざひょうへいめん」

僕「水平方向に直線を引いて x 軸（エックスじく）、鉛直方向に直線を引いて y 軸（ワイじく）とする。それから、x 軸と y 軸の交点を**原点**（げんてん）O（オー）とする。x 軸と y 軸で作られたこの平面が**座標平面**（ざひょうへいめん）だね」

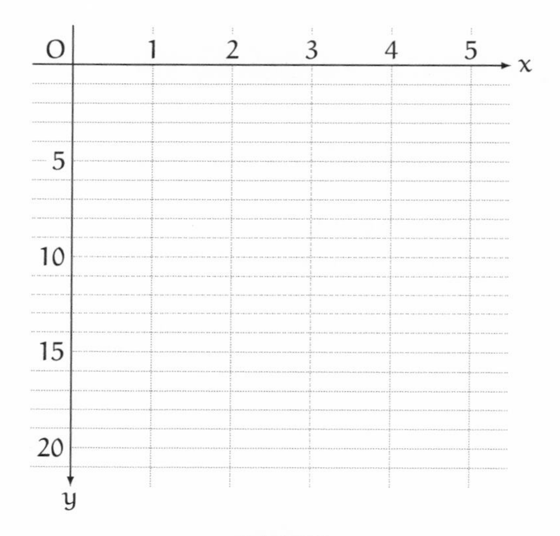

座標平面

ユーリ「お兄ちゃんって、座標平面をよく描くよね。でも、y 軸が下向き？」

僕「うん。ボールが下に落ちていく様子を考えたいから、y 軸の正(せい)の向きを下向きにしてみたんだ。座標軸の向きは、ちゃんと決めればどっち向きにしてもかまわないから」

ユーリ「そーなんだ」

僕「座標平面上のどの**位置**(いち)も、二つの数のペアで表すことができる。たとえば、こんな**点**(てん)がある」

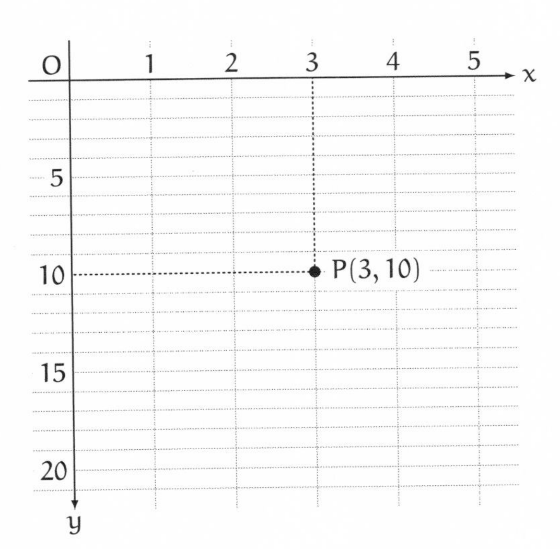

ユーリ「出たな、点P（ピー）」

僕「この点Pの位置は、3と10という二つの数を組にして、

$$(3, 10)$$

と表せる。Pという名前も合わせて、

$$P(3, 10)$$

と書くこともある」

ユーリ「$x = 3$ で $y = 10$ ってことでしょ？」

僕「そうだね。この点Pの場合、x 座標の値（あたい）は3で、y 座標の値は10になる。そのことを、

$$x = 3, \quad y = 10$$

と書いて点の位置を表せる。まとめて、

$$(x, y) = (3, 10)$$

のように表すこともある」

ユーリ「ぜんぜん難しくない」

僕「それはよかった」

ユーリ「あ、ちょっと待って、お兄ちゃん」

僕「ん？」

ユーリ「実際のボールって大きさがあるじゃん？ でも、点に大きさはないよね？」

僕「ああ、そうだね。実際のボールには大きさがあるけど、点には大きさがない。だから、僕たちはいまボールに大きさがないとして考えようとしている。ボールの位置に注目しているともいえる」

ユーリ「そんなことしてもいーの？」

僕「もちろん、実際のボールには大きさがある。だから、ボールの大きさが動きに影響を与えることまで精密に考えたいときには、ボールを点と見なすのはまずい」

ユーリ「だよね」

僕「でも、実際のボールの動きを考えるときでも、ボールを点として考えた結果は無駄じゃない。だからまずは**質点**（しつてん）の運動を考えようとしてるんだ」

ユーリ「しつてん？」

僕「質点というのは、物体を一点として考えたときの点のこと。ボールを点と見なしてその運動を考えるというのは、質点の運動を考えるということ」

ユーリ「オッケー」

僕「さて、ボールを投げた瞬間の時刻を $t = 0$ とする。そして、t の値が $0, 1, 2, 3, 4, 5, 6$ のときのボールの位置を座標平面上に描く。たとえば、こんなふうに描ける。**ストロボ写真**だね」

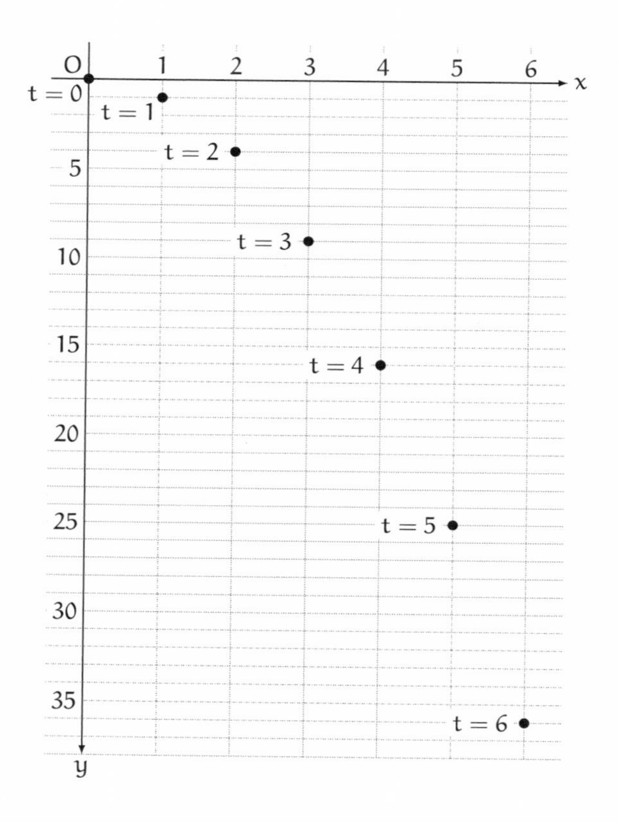

ユーリ「これって、ボールを投げたのを横から見てるんでしょ？理科の教科書で見たことある」

僕「そうだね。高いところからボールを水平方向に投げて、その様子を横から撮影する。部屋全体を暗くしておいて、ライトを一定間隔の時間でパッ・パッ・パッ……と点ける。そうやって、それぞれの時刻にボールがどの位置にあるかを写真に記録するんだ」

ユーリ「いつ、どこにあるか」

僕「それだよ。もちろん実際のボールはここに描いた位置を滑らかに結んだ曲線上を動いているわけだね。こんなふうに」

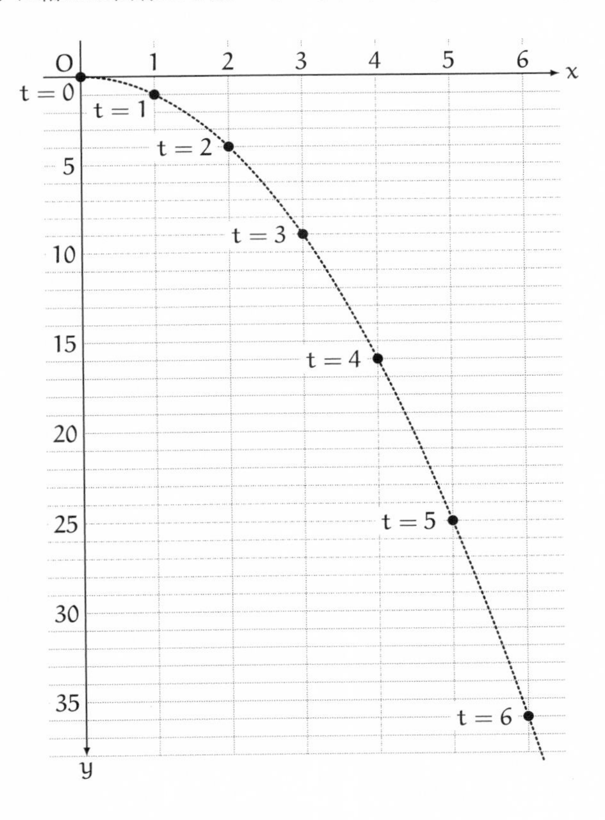

ユーリ「ひゅーって落ちてる」

1.6　水平方向と鉛直方向

僕「時刻ごとのボールの位置を、水平方向と鉛直方向に分けて詳しく調べてみよう。つまり、時刻ごとの x 座標の値と y 座標の値を調べるんだ」

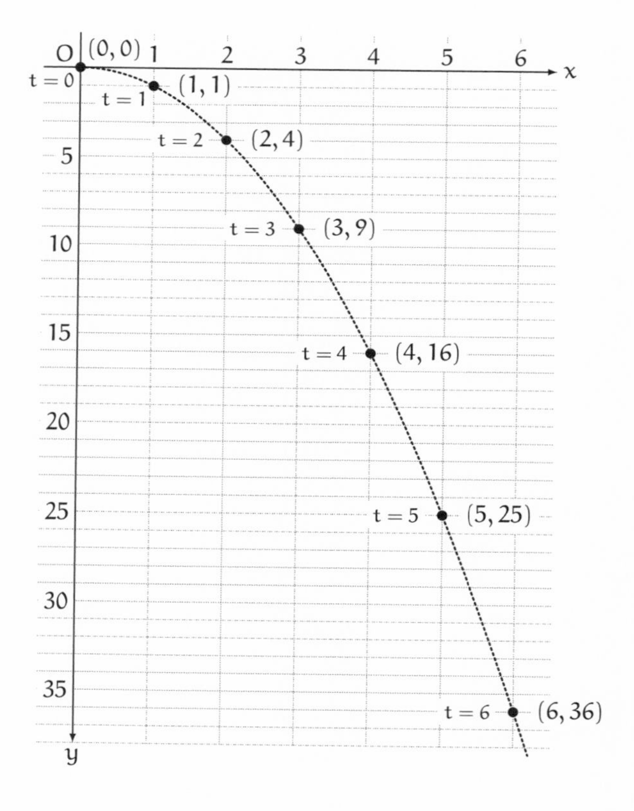

時刻 t	0	1	2	3	4	5	6
水平方向の位置 x	0	1	2	3	4	5	6
鉛直方向の位置 y	0	1	4	9	16	25	36

ユーリ「ふんふん。それで？」

僕「ボールが落ちていくときに、まず鉛直方向の運動に注目すると、ガリレオの実験と同じ結果になってることがわかる。ということは板を転がり落ちる運動と同じ——**等加速度運動**——になっているわけだ」

ユーリ「確かに！」

僕「鉛直方向 はガリレオの実験と同じように、$y = At^2$ の形になっていることがわかる。等加速度で運動している。つまり、ぽとんと落としたときと、水平方向に投げたときでは、違うことをやっているように見えるけれど、鉛直方向に注目すると同じなんだ」

ユーリ「鉛直方向に注目すると同じ……」

僕「水平方向 についても考えていこう。時刻ごとの位置がわかっていれば、速度は計算できる。速度の定義はこうだね」

$$《速度》 = \frac{《位置の変化》}{《掛かった時間》}$$

ユーリ「《位置の変化》を《掛かった時間》で割る」

僕「うん。この表から水平方向の速度を求めてみよう」

時刻 t	0	1	2	3	4	5	6
水平方向の位置 x	0	1	2	3	4	5	6

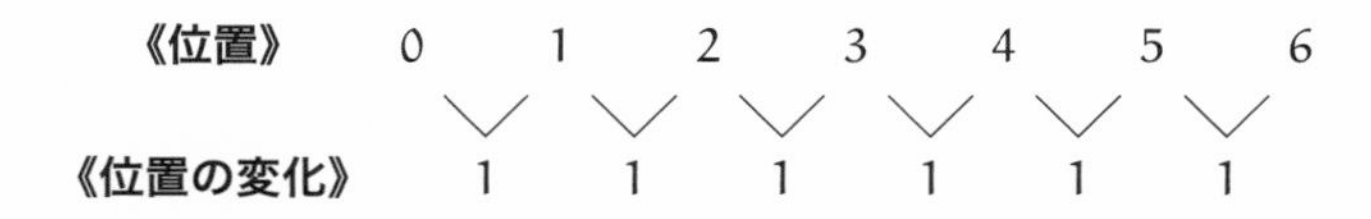

僕「時刻が $0, 1, 2, 3, 4, 5, 6$ と進むにつれて、水平方向の位置 x は $0, 1, 2, 3, 4, 5, 6$ になっている。こんなふうに隣り合う位置の差を求めていけば、《位置の変化》がわかる。そして《掛かった時間》は 1 だから、水平方向の《速度》が得られるわけだ」

ユーリ「水平方向の速度は $1, 1, 1, 1, \ldots$ いつも 1」

僕「そういうこと。速度が一定の運動を**等速度運動**という。水平方向の運動に注目すると、このボールは水平方向には等速度運動しているといえる」

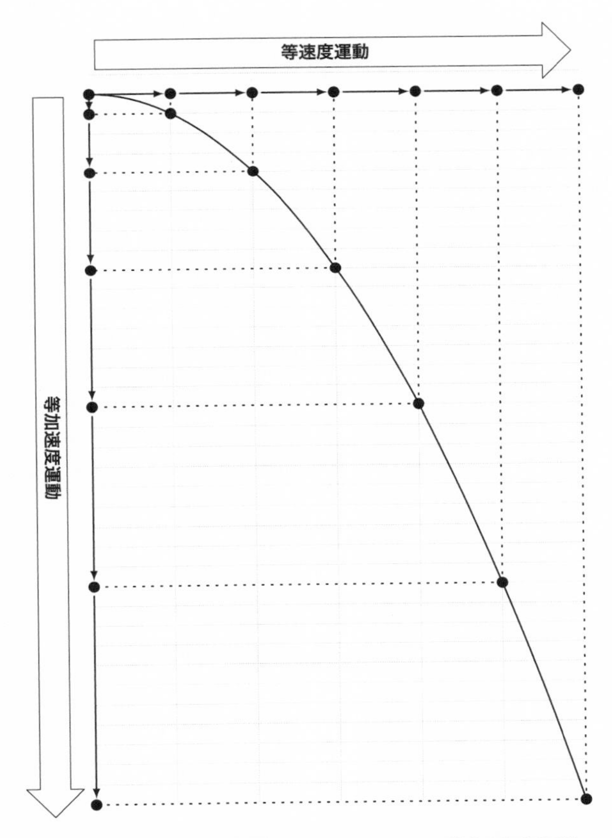

水平方向には等速度運動、鉛直方向には等加速度運動

ユーリ「そっか……水平方向と鉛直方向を分けて考える？」

僕「そうなんだよ！　ストロボ写真の結果から、わかったことをまとめよう」

- 水平方向の位置 x と時刻 t との関係は、$x = t$ と表せる。
- 鉛直方向の位置 y と時刻 t との関係は、$y = t^2$ と表せる。
- x と y との関係は、$y = x^2$ と表せる。

ユーリ「……」

僕「これは、$A = 1$ として、

$$y = Ax^2$$

という形の式になっている。同じような実験を何度も繰り返して、いつも $y = Ax^2$ という形になるかどうかを確かめる」

ユーリ「お兄ちゃんの言いたいことはわかるけど、さっきから数式にこだわるのは何で？ ストロボ写真はわかりやすいけど、数式が出てくるとめんどくさそー」

僕「数式は、物理法則を表すためにとても大事なものだからね」

ユーリ「そーなんだ。ストロボ写真で全部わかるんじゃないの？」

僕「確かに、ストロボ写真に撮れば、今回投げたボールがそれぞれの時刻にどの位置にあったか、具体的にわかる。でも僕たちが知りたいのは、そこからもう少し先のことだよね」

ユーリ「どゆこと？」

僕「たとえば、時刻 t が 6 を過ぎて $t = 7, 8, 9, \ldots$ になったときにボールはどの位置にあるかを知りたい。そのためには、すでにわかったことをもとにして時刻と位置の関係を数式で表せるならうれしい」

ユーリ「にゃるほど」

僕「それに、ユーリが気にしていた放物線を描くかどうかを調べるためにも、数式で表したい。たとえば投げる強さによって、$y = 0.5x^2$ になるかもしれないし、$y = 2x^2$ になるかもしれないけれど、結果が $y = Ax^2$ という式に当てはまるなら、投げたボールは放物線を描くといえる」

ユーリ「そっか……待って、放物線もいろんな太さがあるよね。もしかしてそれって……」

僕「太さっていうのは放物線の形、放物線の広がり方のことだよね。そうだよ。A の値が変われば放物線の形も変わる」

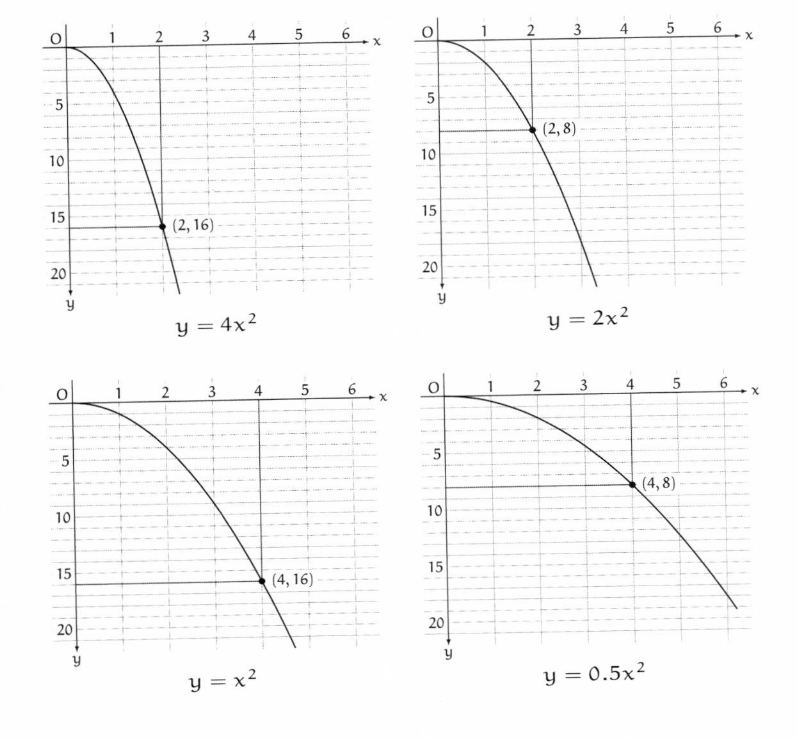

ユーリ「ほーほーほー！」

僕「x と y の関係が、

$$y = Ax^2$$

という形の式で表せるなら、その曲線は放物線になる。向きや場所によっては別の形の式になることもあるけど、少なくとも $y = Ax^2$ で表せれば、放物線になる。だから、数式で表すというのはすごく大事なんだ」

ユーリ「にゃるほど！　お兄ちゃん、わかったよ！　ところで……結局、ボールを投げると放物線を描いて飛ぶのはどーして？」

僕「ええっ？」

1.7　再び、ユーリの疑問

ユーリ「ユーリはね、投げたボールの軌跡が放物線になる理由を知りたいの！」

僕「おいおい……だから『投げたボールは水平方向には等速度で運動して、鉛直方向には等加速度で運動するから』が答えなんだけど？」

ユーリ「うん、それはわかってるんだって！　ガリレオの実験もストロボ写真もわかったの。実験結果はそーなる。でもね、ユーリは理由が知りたいの！　水平方向には等速度で運動して、鉛直方向には等加速度で運動すると放物線になるのはわかったけど、でも、その理由を答えてないじゃん。どうしてボールを投げたら水平方向には等速度で運動して、鉛直方向には等加速度で運動するの？」

僕「理由か……」

ユーリ「もったいぶらないでよー！」

僕「もったいぶってるわけじゃないよ。もしかすると、ユーリが求めているのは**ニュートンの運動方程式**かもしれないね」

ユーリ「ニュートン」

1.8　ニュートンの運動方程式

僕「『運動の法則』をまとめたのは**アイザック・ニュートン**」

ユーリ「ニュートン、知ってる」

アイザック・ニュートン[*4]

僕「ニュートンは、**力**(ちから)というものを考えて、質点の運動に関する法則を発見した。その法則のことを『運動の法則』といったり、『ニュートンの第二法則』といったりする」

ユーリ「ふーん」

僕「ニュートンは、**力と加速度の関係を一つの数式で表した**んだ。その数式のことを**ニュートンの運動方程式**という」

ユーリ「にゅーとんのうんどうほうていしき。また数式かい」

僕「もちろんそうだよ。《数式は言葉》だからね」

ユーリ「ふむー」

[*4] アイザック・ニュートン卿(Sir Isaac Newton), 1642–1727.
この肖像画は Sir Godfrey Kneller によるものです。

僕「ニュートンの運動方程式は、僕たちが生きているこの世界で成り立っている運動の法則を表している。これを使えば、ボールを投げたときに放物線になる理由を説明できる」

ユーリ「ちょっと待って。水平方向で等速度運動になって、鉛直方向で等加速度運動になる理由がわかるってこと？」

僕「そうだね」

ユーリ「だったらニュートンの運動方程式、教えてよ！」

僕「ニュートンの運動方程式はいろんな書き方ができるけれど、たとえばこんなふうに書ける」

$$F = ma$$

ユーリ「えふ・いこーる・えむ・えー。F って何？」

僕「ユーリのその疑問は正しい。$F = ma$ のような数式があったら、出てくる文字が何を表しているか、聞きたくなるよね」

ユーリ「だって、聞かないと意味わかんないじゃん」

僕「まったくだ。F は力を表している。m は質量(しつりょう)を表している。そして a は加速度を表している。だから、

$$F = ma$$

というニュートンの運動方程式は、

力と加速度は比例する

ということを表している。力という物理量と、加速度という物理量の間に成り立つ物理法則を主張しているんだ！」

ニュートンの運動方程式
質量が m の質点に対して力 F が掛かっているとき、質点の加速度を a とすると、

$$F = ma$$

が成り立つ。

ユーリ「いやいやお兄ちゃん。そんなにババーンと宣言されても……この式から、どーして放物線が出てくんの？ さっぱりわかんにゃい」

僕「うん。$F = ma$ という式はすごく短いから、パパッとわかりそうだけど、ていねいに理解していかなくちゃいけない。ニュートンは、力と加速度の関係を発見して、その関係を $F = ma$ という式で表した」

ユーリ「はあ」

僕「この $F = ma$ という短い数式は、この自然界で成り立つ法則を表している。僕たちが知っている宇宙のどこでも、この数式が成り立っている。だからこの数式はじっくりと理解する価値がある」

ユーリ「待って。どうして成り立っているってわかるの？」

僕「もちろんこれも実験だよ。どうしてそれがわかるかというと、実験結果と一致するからだね。これまで人類が調べてきた数え切れないほどの実験結果に驚くほど一致する。実験結

果で、運動の法則を覆(くつがえ)すものは一つもない」

ユーリ「そーなんだ！」

僕「一見、運動の法則が成り立たないように見えるときもある。でもそのときには、隠れている別の条件があった」

ユーリ「新発見があっても、全部やり直しにならないの？」

僕「新しい科学的発見がいくらあっても、ニュートンの運動方程式そのものを駄目にすることはなかった。科学は、そんなに壊れやすいものじゃないんだね」

ユーリ「超かっこいいじゃん！」

哲学[*5]は、眼のまえにたえず開かれている
この最も巨大な書〔すなわち、宇宙〕のなかに、
書かれているのです。しかし、まずその言葉を理解し、
そこに書かれている文字を解読することを学ばないかぎり、
理解できません。その書は数学の言語で書かれており、
その文字は三角形、円その他の幾何学図形であって、
これらの手段がなければ、人間の力では、
その言葉を理解できないのです。
——ガリレオ・ガリレイ [26]

---

*5 ここでの「哲学」は、現代でいう「科学」の意味。

付録：《平均の速度》と《瞬間の速度》

《平均の速度》

直線上を運動する点Pが、

- 時刻 $t = t_1$ では、位置 $x = x_1$ にあり、
- 時刻 $t = t_2$ では、位置 $x = x_2$ にある

とします。

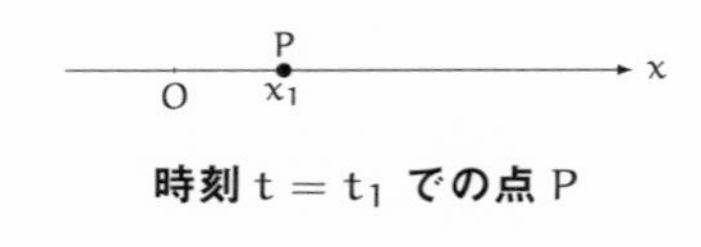

時刻 $t = t_1$ **での点** P

P
x
O
x_2

時刻 $t = t_2$ **での点** P

$t_1 \neq t_2$ のとき、

$$\frac{x_2 - x_1}{t_2 - t_1}$$

で表される値を、時刻 t_1 から t_2 までの**《平均の速度》**といいます。

第1章（p. 9）で「僕」がユーリに話した《速度》は、より正確にいえば《平均の速度》になります。

時刻 t を横軸とし、位置 x を縦軸として、点Pの《位置のグラ

フ》を描くなら、$\dfrac{x_2 - x_1}{t_2 - t_1}$ という《平均の速度》は、グラフ上の二点①(t_1, x_1) と②(t_2, x_2) を結んだ**線分の傾き**を表します。

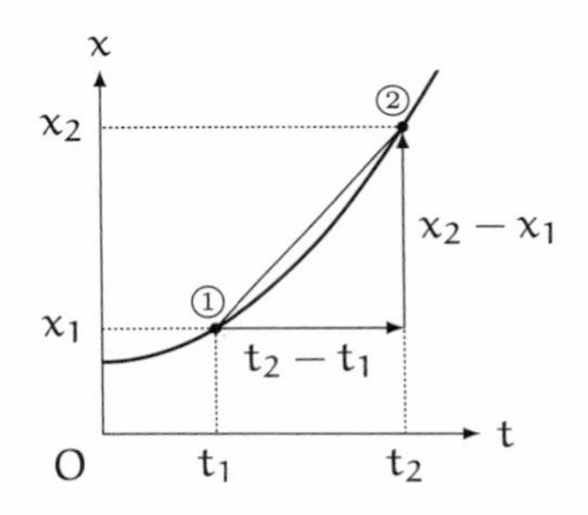

《平均の速度》は二点①と②を結んだ線分の傾き

もしも、次に示すグラフのように、時刻 t_1 から t_2 の間で、点Pが行ったり来たりしたとしても、時刻 t_1 では位置 x_1 にあり、時刻 t_2 では位置 x_2 にあるなら、$\dfrac{x_2 - x_1}{t_2 - t_1}$ という《平均の速度》の値は変わりません。

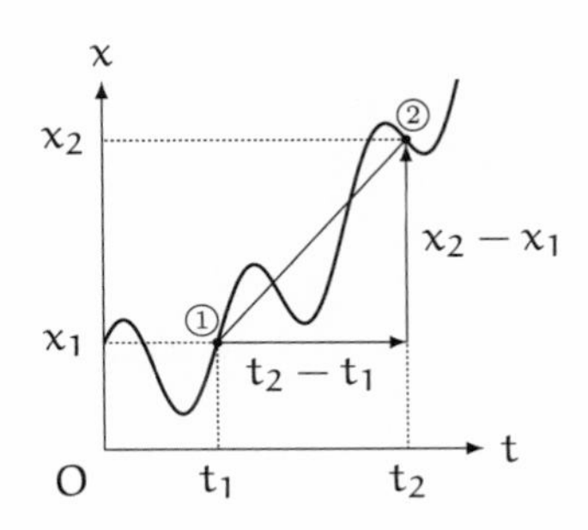

《平均の速度》は、でこぼこを均（なら）した速度を考えているのです。

《瞬間の速度》

$\dfrac{x_2 - x_1}{t_2 - t_1}$ という《平均の速度》は二点 (t_1, x_1) と (t_2, x_2) を結ぶ線分の傾きを表します。

時刻 t_2 を t_1 に限りなく近づけていったとき、《平均の速度》すなわち線分の傾きは、時刻 t_1 における**接線の傾き**に限りなく近づきます。この接線の傾きを時刻 t_1 における**《瞬間の速度》**と考えます。

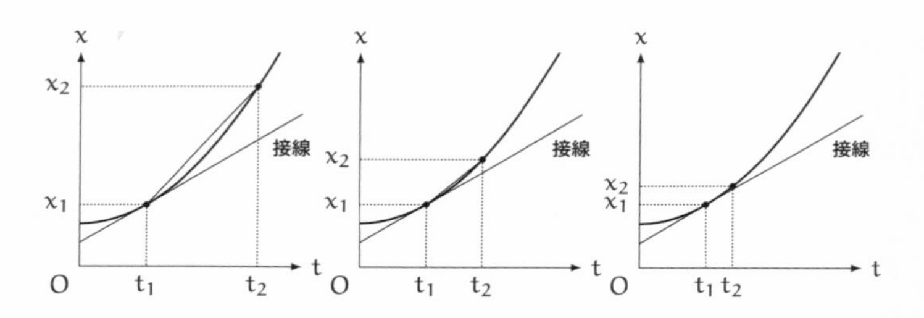

ここでは図形を使ったイメージでお話ししましたが、「限りなく近づく」ことの意味を数学的に厳密にした概念が**極限**で、極限を使って「接線の傾き」を求めることが**微分**に相当します。

微分についてさらに詳しく知りたい場合は、『数学ガールの秘密ノート／微分を追いかけて』をお読みください。

第1章では《速度》を《平均の速度》の意味で使っていましたが、第2章以降では《瞬間の速度》の意味でも使います。

第1章の問題

●問題 1-1（速さ）

① 自動車が 60 km/h の速さで 2 時間走ったら、何 km の距離を進みますか。

② スクーターに乗って距離が 50 km 離れた場所へ行くのに 2 時間掛かりました。このスクーターは何 km/h の速さで走ったことになりますか。

③ 100 m を 10 秒で走った人は、何 km/h の速さで走ったことになりますか。

④ 100 km/h の速さで走る列車は、40000 km を走るのに何時間掛かりますか。

⑤ 4 km/h の速さで歩く人は、40000 km を進むのに何時間掛かりますか。

注意：速度の大きさを速さといいます。km/h は速さを表す単位で、1 時間当たりに進む距離を表します。すなわち、60 km/h は時速 60 km のことで、1 時間当たり 60 km の距離を進む速さを表します。h は時間を表す英語 “hour” の頭文字です。

（解答は p. 280）

●問題 1-2（方程式とグラフ）

数直線上を動いている点 P があります。時刻 t における位置を x としたとき、t と x の間には、

$$x = 2t + 1$$

という関係が成り立つとします。$0 \leqq t \leqq 10$ の範囲で、時刻 t に対する位置 x のグラフを描いてください。また、次の値をそれぞれ求めてください。

① 時刻 $t = 0$ における点 P の位置 x
② 時刻 $t = 7$ における点 P の位置 x
③ 点 P が位置 $x = 11$ にある時刻 t
④ 時刻 0 から 3 までの点 P の速度
⑤ 時刻 4 から 9 までの点 P の速度

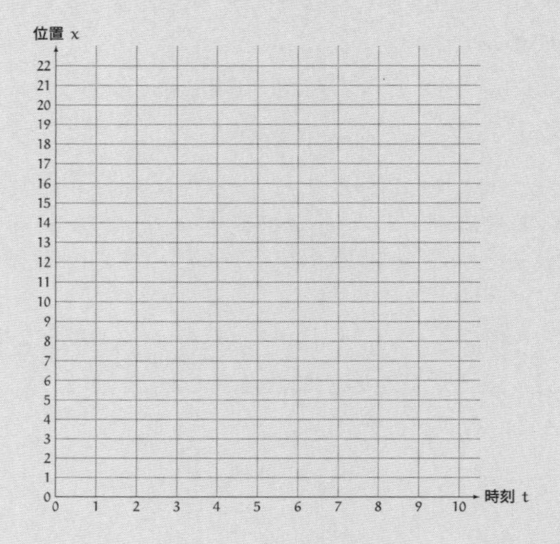

（解答は p. 285）

●問題 1-3（ボールの運動）

水平方向に投げたボールの運動を撮影し、得られた動画から時刻ごとのボールの位置をまとめました。t は投げた瞬間を 0 とした時刻、x は投げた位置から水平方向に移動した位置、y は投げた位置から鉛直方向に落下した位置を表しています。

t [1/30 s]	x [cm]	y [cm]
0	0	0
1	14	0
2	27	2
3	40	5
4	52	9
5	65	14
6	77	21
7	88	28
8	99	37
9	110	46
10	121	58
11	131	69

水平方向と鉛直方向のそれぞれについて、時刻に対する位置のグラフを描いてください。

（解答は p. 290）

第2章

ニュートンの運動方程式

"言葉は、何のためにあるのか。"

2.1　力と加速度は比例する

ボールを投げると放物線を描いて飛ぶのはなぜか——
ユーリは、その理由を知りたいと言う。
だから僕は、ニュートンの運動方程式の話を始めた。

僕「ニュートンの運動方程式は、

$$F = ma$$

と表される」

ユーリ「えふ・いこーる・えむ・えー」

僕「F は力、m は質量、a は加速度だよ」

ユーリ「これだけでボールの動きがわかるの？」

僕「そうだね。$F = ma$ は短い式だけど、この式が何を表しているかをよく理解すれば、飛んでいるボールがいつ、どこにあるかがわかる。だから、順番に話していくことにするよ」

ユーリ「うん！」

僕「F は力を表して、a は加速度を表しているから、$F = ma$ は、**力と加速度は比例する**といってるわけだ。そしてこのことには、『運動の法則』や『ニュートンの第二法則』という名前が付いてる。運動の法則は、どんな時刻でも、どんな場所でも成り立つ。いつでもどこでも、力と加速度は比例するんだ」

運動の法則

質量が m の質点に対して力 F が掛かっているとき、質点の加速度を a とすると、ニュートンの運動方程式

$$F = ma$$

が成り立つ。また、力の向きと加速度の向きは一致する。

ユーリ「ふむふむ」

僕「だから、《質量》と《力》がわかれば《加速度》が求められる」

ユーリ「$F = ma$ ってゆーことは加速度は、

$$a = \frac{F}{m}$$

になるから？」

僕「そうだよ。じゃ、《質量》と《力》について順番に話していこう。まずは《質量》から」

ユーリ「しつりょう」

2.2 質量

僕「ニュートンの運動方程式で m は質量を表している。じゃ、《質量が大きい》とはどういうことかというと——」

ユーリ「質量が大きいってゆーのは《重い》ってこと」

僕「質量が大きいというのは《重い》よりも《動かしにくい》の方が正確だね。惜しい」

ユーリ「《重い》と《動かしにくい》って同じじゃないの？」

僕「《重い》と《動かしにくい》とは厳密には違う。$F = ma$ という式を読んで考えるんだよ」

ユーリ「式を読んで考えろと言われましても」

僕「式を読んで考えるっていうのは——うん、たとえば質量 m が大きいとどうなるか考えるということ。質量が 2 倍のものに対して同じ加速度を与えるためには 2 倍の大きさを持った力が必要になるよね。質量が 3 倍になったら 3 倍の力がいる。つまり質量が大きいと、それだけ《動かしにくい》ということになる」

ユーリ「ちょーっと待った！」

ユーリは急に声を上げ、僕の話をストップした。

僕「……」

ユーリ「大きな力を掛けないとなかなか加速しないんでしょ？ それって《重い》ってことじゃん！ ねえ、やっぱり、《重い》

と《動かしにくい》って同じじゃないの？」

僕「ところが《重さ》は場所で変わるけど、《動かしにくさ》は場所で変わらないんだよ」

ユーリ「場所？　場所って何のこと？」

僕「**地球**から**月**に行ったら、体重が軽くなるって話、知らない？」

ユーリ「知ってる。月だと体重が地球の $\frac{1}{6}$ になるんでしょ？」

僕「そうだね。同じ物体でも地球にあるか、月にあるかで重さは変わる。地球では重いものも、月では軽くなる」

ユーリ「それがどしたの？」

僕「地球と月とで《重さ》は変わる。でも《質量》は変わらない」

ユーリ「待って。**宇宙ステーション**だと、いろんなものがふわふわ浮かぶじゃん？　あれは質量が変わってるのでは？」

僕「無重量状態になっている宇宙ステーションで物体が浮かぶのは、重さが0になったからだね。地球上で重いものを宇宙ステーションまで持っていくと《重さ》は0になるから、手の上に乗せても《重い》とは感じない。でも《質量》はまったく変わらない。浮かんでいるものでも《動かしにくい》んだ」

ユーリ「えーっ！　ふわふわ浮いていても、動かしにくい？」

僕「そうなんだよ。浮いてるボールを宇宙飛行士が手で押したら、ボールは向こうに動いていく。じゃ、浮いてる宇宙ステーションを手で押したらどうなるか。中から壁を押すことになるけど、質量が大きい宇宙ステーションはほとんど動かないだろうね」

ユーリ「そっか……ふわふわ浮いてる宇宙飛行士の方が動いちゃう！」

僕「そういうこと」

- **重さ**は、その物体に働く重力の大きさで、地球の上、月の上、宇宙ステーションの中ではそれぞれ違う値になる。重さのことを重量ともいう。
- **質量**は、その物体が持っている動かしにくさを表す物理量で、地球の上でも月の上でも宇宙ステーションの中でも変わらない。

ユーリ「へえ……」

僕「ニュートンの運動方程式 $F = ma$ の m は《重さ》じゃなくて《質量》を表している」

ユーリ「《重さ》と《質量》って違うんだ！　知らんかったよー！」

2.3　力

僕「《質量》の次は《力》の話。質点の運動を考えるときに大事なのは、その質点にどんな力が掛かっているかを考えること。質点に掛かっているすべての力を考えるのが、運動を調べる出発点になるからね」

ユーリ「すべての力を考える——たとえば、飛んでるボールに掛かる力って、重力と投げる力の二つでしょ？」

僕「え？　飛んでいるボールに掛かる力は重力だけだよ」

ユーリ「え？」

僕「飛んでいるボールに掛かる力は《地球からの重力》だけ。投げる力は掛かっていない」

ユーリ「ボール投げるときって力を掛けるじゃん。だから《地球からの重力》と《投げる力》の二つじゃないの？」

僕「なるほど。それは、すごく勘違いしやすいところだよ。確かに、ボールが手から離れる瞬間までは力が掛かっている」

ユーリ「ほーら、やっぱり力は一つじゃないじゃん」

僕「それは投げる直前までの話。手からボールが離れた直後から、手はボールに対して力を掛けることができない。つまり、ボールが手を離れた瞬間に、ボールが手から受ける力は0になる」

ユーリ「へーえ……ボールを強く投げたら、飛んでる間中ずっと大きな力が掛かっていると思ってた」

僕「飛んでいるボールが手から力を受けていると考えるのは間違い。ボールが手を離れた後でも、ボールに力を及ぼしているものはたった一つ。**地球**だね。飛んでいるボールに掛かる力は《地球からの重力》だけだ」

ユーリ「一つだけか……」

僕「さあ、これで質点の運動を調べる準備ができた。掛かっている力は地球からの重力だけ。そして僕たちはニュートンの運動方程式を知っている。加速度は力に比例する。つまり僕たちは、質点の加速度を手に入れられる」

ユーリ「力と加速度は比例するから」

僕「そうだね。《力と加速度は比例する》という意味はわかるよね。

- 力が 2 倍になれば、加速度も 2 倍になる。
- 力が 3 倍になれば、加速度も 3 倍になる。

と、そういうこと」

ユーリ「要するに、強い力を掛ければ速く動くってことでしょ？」

僕「それは不正確だね。『強い力を掛ければ速く動く』というと『力が大きければ速度も大きい』という意味になるけど、ニュートンの運動方程式はそんなことは表していない」

ユーリ「違うの？」

僕「力に比例するのは速度じゃなくて加速度なんだよ。しっかり《速度》と《加速度》を区別しよう」

ユーリ「ええと？」

僕「たとえば、時速数百キロメートルという《速度》でまっすぐ走っている新幹線を想像してみればわかるよ。《速度》が一定で走り続けているんだから、《速度の変化》はずっと 0 のまま。つまり《速度》は大きくても《加速度》は 0 だね」

ユーリ「そっか……」

僕「《速度》と《加速度》とは別のものなんだ。そして、ニュートンの運動方程式は《力と加速度は比例する》ことを表している。力と比例するのは《加速度》であって《速度》じゃない。

だから『大きな力を掛ければ速度が大きくなる』というのは不正確」

ユーリ「ちょっと待って。でも、速いボールを投げたかったら強い力で投げるよね？　大きな力を掛けて速度が大きくなってるじゃん！」

僕「それは、ボールを投げるところを想像すればわかるよ。大きな力をボールに掛ければ、ボールの加速度も大きい。これはニュートンの運動方程式から言えること」

ユーリ「力と加速度は比例するから？」

僕「そう。ボールから手を離すまで同じ力を掛け続けるなら、同じ加速度が続いて、速度は大きくなっていき、手を離した時刻での速度が決まる」

ユーリ「それで？」

僕「もしもボールに掛ける力を大きくするなら、加速度も大きくなって結果的に手を離した時刻での速度はさっきよりも大きくなる。だから『大きな力を掛ければ速度が大きくなる』は、結果的には正しい。でもそれは途中の説明をかなり省略していることになる。$F = ma$ というニュートンの運動方程式が表しているのは《力と加速度は比例する》ことでしかない」

ユーリ「そっか……スッキリした！」

2.4 《速度》から《位置》を求める

僕「速度と加速度は違う。速度の定義を確認しておくと、《速度》は《位置の変化》を《掛かった時間》で割った値だね」

《速度》の定義

$$
\begin{aligned}
\text{《速度》} &= \frac{\text{《位置の変化》}}{\text{《掛かった時間》}} \\
&= \frac{\text{《位置の変化》}}{\text{《時刻の変化》}} \\
&= \frac{\text{《変化後の位置》} - \text{《変化前の位置》}}{\text{《変化後の時刻》} - \text{《変化前の時刻》}}
\end{aligned}
$$

ユーリ「要するに《速さ》でしょ？」

僕「物理学では《速度》と《速さ》は区別しているよ。《速度》には向きがあるけれど、《速さ》には向きがない。自動車のスピードメーターは《速度》を計っているんじゃなくて《速さ》を計っている。スピードメーターを見ると時速60キロメートルで走っていることはわかるけど、どっち向きに走っているかはわからないからね」

ユーリ「そーだった！　《速度》の大きさが《速さ》だよね？」

僕「そうだね。物理学では《速度》の大きさのことを《速さ》という。だから《速さ》は必ず0以上になる」

ユーリ「オッケー、オッケー」

僕「さて、《速度》は《位置》を使って定義した。それに対して、《加速度》は《速度》を使って定義する」

ユーリ「かそくど」

《加速度》の定義

$$
\begin{aligned}
\text{《加速度》} &= \frac{\text{《速度の変化》}}{\text{《掛かった時間》}} \\
&= \frac{\text{《速度の変化》}}{\text{《時刻の変化》}} \\
&= \frac{\text{《変化後の速度》} - \text{《変化前の速度》}}{\text{《変化後の時刻》} - \text{《変化前の時刻》}}
\end{aligned}
$$

僕「《速度》と《加速度》の定義を見比べると、どちらも物理量の変化を《掛かった時間》で割って求めていることがわかる。

$$
\text{《速度》} = \frac{\text{《位置の変化》}}{\text{《掛かった時間》}}
$$

$$
\text{《加速度》} = \frac{\text{《速度の変化》}}{\text{《掛かった時間》}}
$$

だから、《位置の変化》と《掛かった時間》がわかれば《速度》が得られるし、《速度の変化》と《掛かった時間》がわかれば《加速度》が得られる」

ユーリ「ふむふむ。いーよん」

僕「逆に《速度》と《掛かった時間》がわかれば《位置の変化》が得られるし、《加速度》と《掛かった時間》がわかれば《速度の変化》が得られる」

《位置の変化》＝《速度》×《掛かった時間》
《速度の変化》＝《加速度》×《掛かった時間》

ユーリ「そりゃそーだね」

僕「さあ、ここからおもしろくなってくるよ。たとえば直線上を動く質点の《速度》が一定のときに《速度のグラフ》をよく見ると、

《位置の変化》＝《速度》×《掛かった時間》

というのは長方形の**面積**に見えてくる」

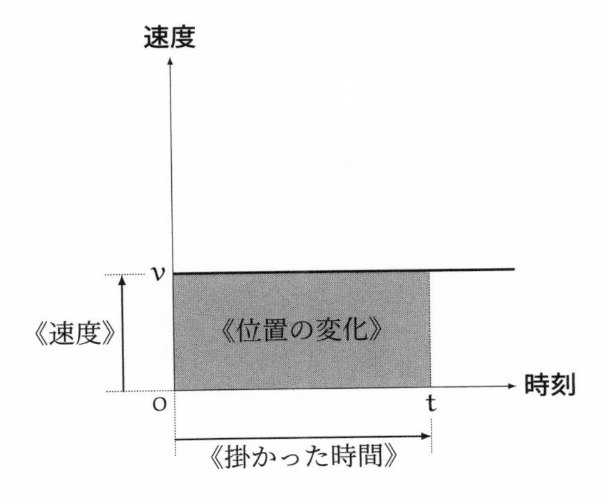

ユーリ「おおっ？」

僕「きちんと言おう。

- 《時刻》が 0 から t まで進む間に、
- 《位置》が x_0 から x まで進んだとする。

そのときの《速度》が v（ブイ）という一定の値だとすると――

$$
\begin{array}{ccccc}
\text{《位置の変化》} & = & \text{《速度》} & \times & \text{《掛かった時間》} \\
\vdots & & \vdots & & \vdots \\
x - x_0 & = & v & \times & (t - 0)
\end{array}
$$

になって、時刻 t の位置 x は、

$$x = vt + x_0$$

と表せる。この vt の部分は《速度のグラフ》が作る面積と見なせるから、

《速度のグラフ》の面積から《位置のグラフ》が作れる

という話になる」

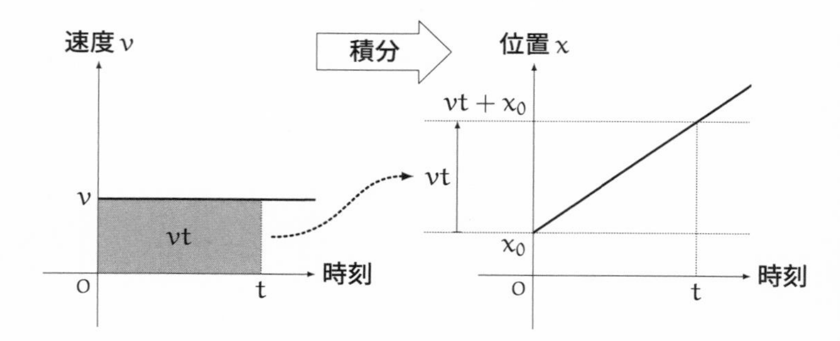

《速度のグラフ》の面積から《位置のグラフ》を得る（速度が一定の場合）

ユーリ「えーと？ 左のグラフは縦軸が《速度 v》で、右のグラフは縦軸が《位置 x》だよね。これって考えたことあるよーな……」

僕「うん。こんなふうに《速度のグラフ》の面積を利用すれば、《位置のグラフ》を得ることができる。これは、

速度を時刻で**積分**(せきぶん)する

という計算の簡単な例になってるんだ」

ユーリ「せきぶん！ やったことある！」

僕「そうだね、やったことあるね[*1]。《積分》というと難しそうだけど《グラフの面積》で考えるとわかりやすい。いまは速度が一定のときを考えたけど、速度が変化するときも面積が使える。たとえば、時刻 t における質点の速度 v が、

$$v = at$$

と表されているとしよう。この場合は《速度のグラフ》が作る面積——三角形の面積——を考えれば《位置のグラフ》が作れるんだ」

---

*1 『数学ガールの秘密ノート／積分を見つめて』参照。

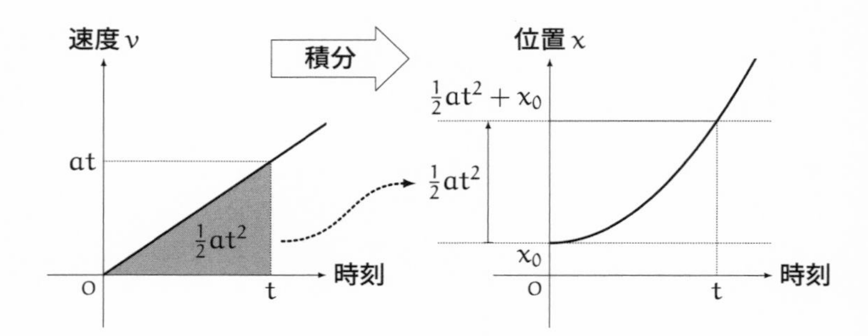

《速度のグラフ》の面積から《位置のグラフ》を得る
（速度が変化する場合）

ユーリ「底辺が t で高さが at だから、

$$\text{三角形の面積} = \frac{1}{2} \times t \times at = \frac{1}{2}at^2$$

ってことだよね」

僕「そうだね。それが時刻 0 から t までの《位置の変化》だから、時刻 t の位置 x は x_0 を加えて、

$$x = \frac{1}{2}at^2 + x_0$$

になる。速度 at を時刻で積分して位置 $\frac{1}{2}at^2 + x_0$ を得たことになる」

ユーリ「面積を使って計算できる。それはいーけど……」

僕「いまは《速度》を時刻で積分して《位置》が得られた。同じように《加速度》を時刻で積分すれば《速度》が得られる」

ユーリ「……ねーお兄ちゃん。積分はいーけど、ニュートンの運動方程式の話はどーなったの？」

僕「うん。ニュートンの運動方程式と積分。この二つが僕たちの大切な道具なんだ」

ユーリ「道具？」

僕「そうだよ。投げたボールの運動を調べるための大切な道具。僕たちはいまから、

《力》→《加速度》→《速度》→《位置》

という順番で《力》から《位置》を求めようとしているんだからね！」

ユーリ「むむっ？」

2.5　《力》→《加速度》→《速度》→《位置》

僕「僕たちはボールの運動を調べたい。投げたボールはいつ、どこにあるか。つまり、時刻ごとの《位置》が知りたいわけだ」

ユーリ「そだね」

僕「《力》がわかっているとして、どうするか」

ユーリ「……」

僕「ニュートンの運動方程式を使うと、《力》から《加速度》が得られる」

ユーリ「ほほー……」

僕「《加速度》を時刻で積分すると《速度》が得られる」

ユーリ「ふむふむ？」

僕「そして、《速度》を時刻で積分すると《位置》が得られる！」

ユーリ「なるほどにゃあ！　お兄ちゃんが書いた、

《力》→《加速度》→《速度》→《位置》

の意味がわかった！　こーゆーこと？」

$$《力》\xrightarrow[\text{運動方程式}]{\text{ニュートンの}}《加速度》\xrightarrow{\text{時刻で積分}}《速度》\xrightarrow{\text{時刻で積分}}《位置》$$

僕「そういうことだね。《力》からスタートして、ニュートンの運動方程式と積分を使えば、質点の《位置》までとらえられるんだよ！」

ユーリ「急激におもしろくなった！」

僕「いつ、どこにその質点があるかを知るのは、

位置を時刻の関数(かんすう)で表す

ことにほかならない」

ユーリ「急激にむずかしくなった！」

2.6 関数

僕「関数というと難しそうに聞こえるけど、話は難しくないよ」

ユーリ「そーなの？」

僕「ボールを投げたときの水平方向の位置 x と、鉛直方向の位置 y を考えたとき、

- 時刻 t の値を一つ決めれば、位置 x の値が一つ決まる。
- 時刻 t の値を一つ決めれば、位置 y の値が一つ決まる。

このことを、

- 位置 x は、時刻 t の関数である。
- 位置 y は、時刻 t の関数である。

というんだ。《一つ決めれば、一つ決まる》というところがすごく大事。時刻の値を一つ決めれば《何か》が一つ決まるとき、その《何か》は時刻の関数といえる」

ユーリ「関数って、そういうもの？」

僕「関数って、そういうもの」

ユーリ「だったらぜんぜん難しくない」

僕「だよね。x の値が時刻 t の関数であることを表すのに、

$$x(t)$$

のように書くこともよくあるよ」

ユーリ「りょーかい」

僕「時刻 $t=0$ のときの x の値を、

$$x(0)$$

と書くこともある。この書き方だと、時刻 t の値が、

$$0,\ 1,\ 2,\ 3,\ \ldots$$

と変化するときの x の値を、

$$x(0),\ x(1),\ x(2),\ x(3),\ \ldots$$

と表せるわけだ。難しくないよね」

ユーリ「難しくはないけどさー……これって大事な話なの？」

僕「大事な話だよ。この約束を知っていれば、

時刻 t の値が 12.345 のときの位置 x の値

なんていちいち言わなくても、

$x(12.345)$

と書くだけで話が伝わるから」

ユーリ「ああ、そーゆーことね！」

2.7　どの時刻でも成り立つ

僕「カッコを使った関数の書き方に慣れると、ニュートンの運動方程式を別の視点から見ることができる」

ユーリ「別の視点って？」

僕「ニュートンの運動方程式を、

$$F = ma$$

と書いたけれど、

$$F(t) = ma(t)$$

と書くこともできる」

ユーリ「おお？ カッコがついた？」

僕「そうそう。つまり、

- 力 F を、時刻 t の関数 $F(t)$ と考える。
- 加速度 a を、時刻 t の関数 $a(t)$ と考える。

ということ。関数って《一つ決めれば、一つ決まる》ものだよね？」

ユーリ「時刻を決めると力が決まるし、時刻を決めると加速度が決まる……ってこと？」

僕「その通り！ 力は時刻で変化するかもしれない。加速度も時刻で変化するかもしれない。だから力を時刻の関数として考えたり、加速度を時刻の関数として考えることは理にかなっている。そしてそのことを $F(t)$ や $a(t)$ として書いてみたんだ」

ユーリ「数式が好きだから」

僕「僕がいいたいのは、F や a と一文字で書いていても、それを時刻の関数として見る場合がよくあるということ。$F(t)$ や $a(t)$ と書くと時刻 t の関数であることが明確になる。この文字は何を表しているかなと確かめるときには、力や加速度を表しているという点だけじゃなくて、時刻の関数になってるかな？と考えるのが大事なんだ。その関数は定数関数——時刻でまったく値が変化しない関数かもしれないけれどね」

ユーリ「……」

僕「運動の法則は、

$$F = ma$$

というニュートンの運動方程式が成り立つと主張する。実は、ここに出てくる F や a は時刻の関数なんだ。つまり、

$$F(t) = ma(t)$$

と書いて、この等式が、どんな時刻 t についても成り立つと主張している。それがニュートンの運動方程式だ。ボールに注目すると、どんな時刻 t においても——つまりはすべての瞬間で——ボールに掛かる力とボールの加速度は比例するんだ！」

ユーリ「すべての瞬間で！　ものすごいじゃん！」

2.8　どの方向でも成り立つ

僕「どの時刻でも成り立つだけじゃない。ニュートンの運動方程式は、どの方向でも成り立つ」

ユーリ「どの方向でも成り立つ……って？」

僕「たとえば水平方向を x 方向として、鉛直方向を y 方向としたとき、そのそれぞれについてニュートンの運動方程式は成り

立つ」

ユーリ「……」

僕「$F = ma$ だと式が一つしかないからわかりにくいけど、x 方向と y 方向でそれぞれに別の式として考えることができる」

$F_x = ma_x$　　ニュートンの運動方程式（x 方向について）

$F_y = ma_y$　　ニュートンの運動方程式（y 方向について）

ユーリ「どっちもニュートンの運動方程式なんだ。F_x って何？」

僕「力をこんなふうに x 方向と y 方向に分解する。

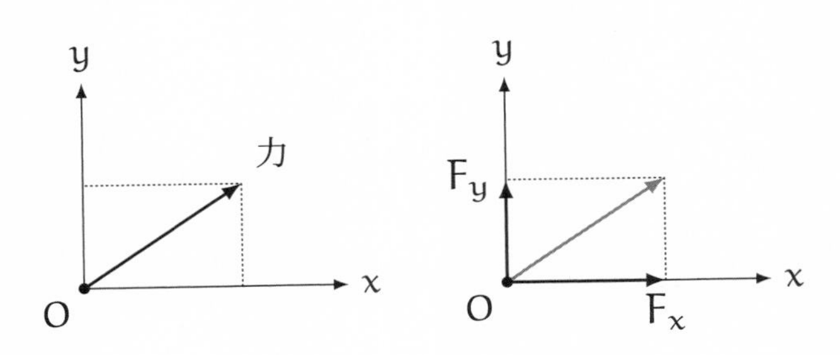

そして、

- x 方向の力を、力の x 成分(せいぶん)と呼んで F_x と書く。
- y 方向の力を、力の y 成分と呼んで F_y と書く。

小さな $_x$ や $_y$ は添字(そえじ)といって、どちらの成分なのかわかるように添えてある文字だと考えればいいよ」

ユーリ「ふむふむ」

僕「さらに、力と加速度がどちらも時刻の関数であることをはっきり表したいなら、こんなふうに書いてもいい」

$$F_x(t) = ma_x(t)$$　ニュートンの運動方程式（x 方向について）

$$F_y(t) = ma_y(t)$$　ニュートンの運動方程式（y 方向について）

ユーリ「$a_x(t)$ は加速度の x 成分ってことかー」

僕「そうだね。$a_x(t)$ は、加速度の x 成分が時刻 t の関数になっていることを表しているわけだ」

ユーリ「りょーかい」

2.9　ボールを投げる

僕「では、僕たちが考えたいことを、こんなふうに表現してみる」

僕たちが考えたいこと
投げたボールはどんな運動をするだろうか。ただし、ボールは質点と見なし、空気抵抗は考えないものとする。

ユーリ「えー……これじゃぜんぜんダメじゃん！　どのくらいの強さでどっち向きに投げるか、何も決めてないもん！」

僕「うん、ユーリの言う通りだ。質点の運動をちゃんと考えるには、設定をはっきりしないと」

ユーリ「質量も決めなきゃ」

僕「そうだね。質量の他に、ボールに掛かっている力、投げる瞬間の時刻、位置、そして速度を決めておかなくちゃいけない。そういう一つ一つのことをはっきりさせておかないと、どんな運動をするのかといっても何も決まらない」

ユーリ「だよねー」

僕「**時刻**は t で表して、ボールを投げる時刻を $t=0$ としよう」

- 時刻を t で表す。
- ボールを投げる時刻を $t=0$ とする。
- $t \geqq 0$ で考える。

ユーリ「にゃるほど。$t \geqq 0$ は、投げた後を考えるって意味だね」

僕「その通り。次に**座標**も決めよう。水平方向を x 軸に、鉛直方向を y 軸にして、右向きと上向きをそれぞれの正の向きにする」

- 水平方向に x 軸をとり、正の向きは右向きとする。
- 鉛直方向に y 軸をとり、正の向きは上向きとする。

ユーリ「どっちを正の向きにしてもいーんでしょ？」

僕「いいよ。正の向きを逆にしたら、プラスとマイナスの符号が逆になるだけだから。ボールは原点から投げることにして、時刻 t におけるボールの**位置**を $x(t)$ と $y(t)$ で表すことにする。位置を x 成分と y 成分に分解するんだ」

- ボールは原点から投げる。
- 時刻 t における位置の x 成分を $x(t)$ で表す。
- 時刻 t における位置の y 成分を $y(t)$ で表す。

ユーリ「時刻の関数だ！」

僕「うん、$x(t)$ も $y(t)$ も時刻 t の関数として考える。ここまでの話を図にしてみようか」

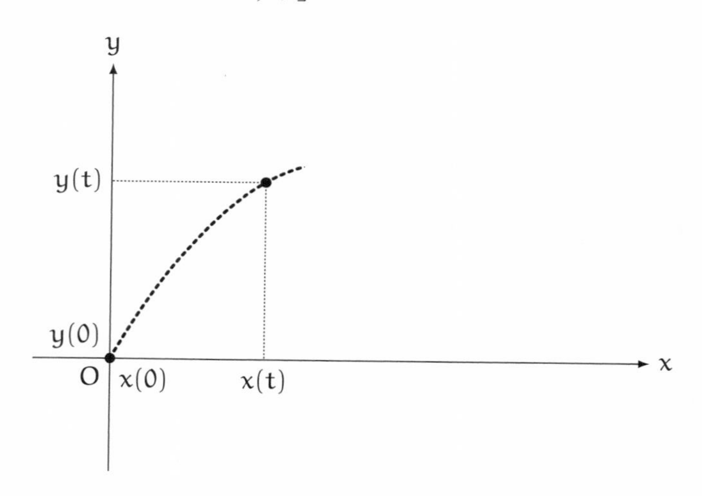

座標とボールの位置

ユーリ「原点から投げてる」

僕「そうそう。ボールを原点から投げることにしたから、投げた時刻 $t = 0$ のときの x 座標 $x(0)$ は 0 に等しいし、y 座標 $y(0)$ も 0 に等しい」

ユーリ「$x(0) = 0$ と $y(0) = 0$ だ！」

僕「そうだね。そして、時刻 t が大きくなるとボールが飛んでいく。ストロボ写真風に描けばこういう感じになるはず。僕たちは、この曲線が本当に放物線になることをニュートンの運動方程式を使って確かめたい」

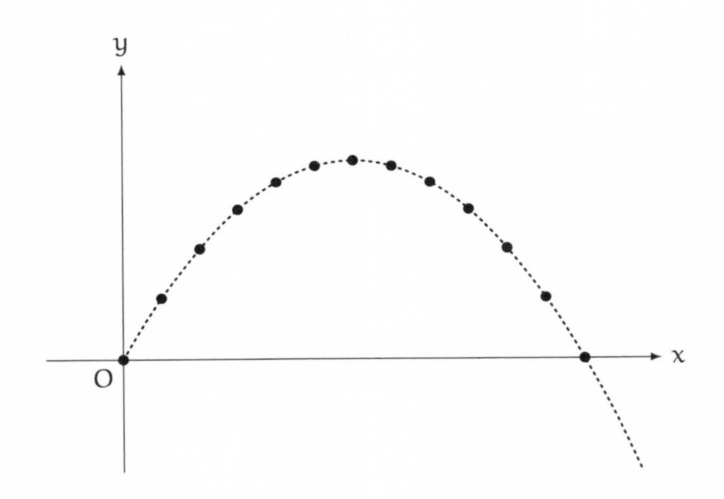

ユーリ「どんな向きに投げたとしても、でしょ？」

僕「そうだね。さて、ボールの**質量**は m としよう。もちろん $m > 0$ だね。そして、ボールには大きさ F の**重力**が鉛直方向下向きに掛かっているとする。重力の大きさだから $F > 0$ とする」

- ボールの質量を $m > 0$ とする。
- ボールに掛かる重力の大きさを $F > 0$ とする。
- ボールに掛かる重力の向きを鉛直方向下向きとする。

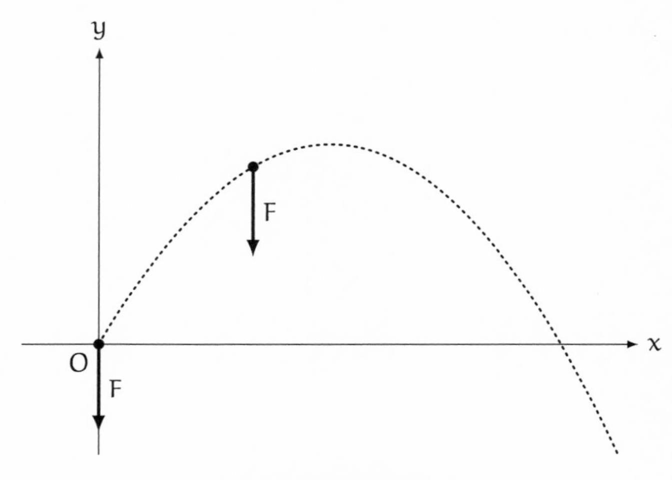

ボールに掛かる重力

ユーリ「ほほー」

僕「原点でも、飛んでいる途中でも同じ。ボールに掛かる重力の向きは鉛直方向下向きで、重力の大きさは F だ」

ユーリ「ふむふむ」

僕「重力は、向きも大きさも常に一定で、ボールにずっと掛かり続けている。図に描くなら、こんなふうになる」

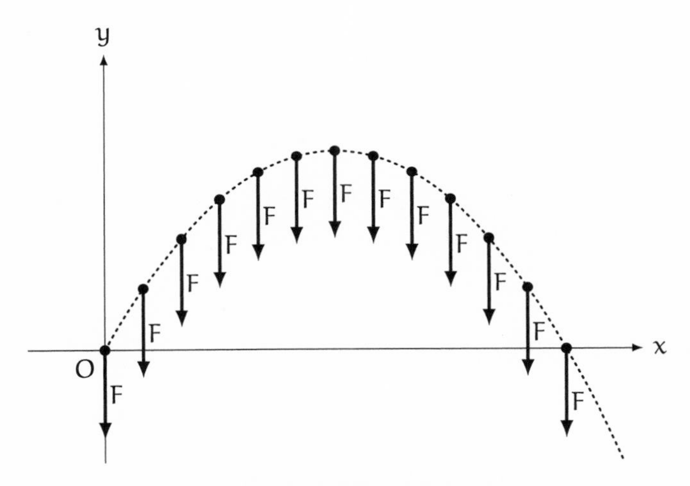

ボールに掛かる重力は常に一定

ユーリ「おおっ！」

僕「ここで、ボールに掛かる力を x 方向と y 方向に分解して考えるため、名前を $F_x(t)$ と $F_y(t)$ と決めておこう」

- 時刻 t における力の x 成分を $F_x(t)$ で表す。
- 時刻 t における力の y 成分を $F_y(t)$ で表す。

ユーリ「えっ？ x 方向に掛かる力なんてあるの？」

僕「ないよ。x 方向に掛かる力は何もないから、

x 方向に掛かる力は 0 である

といえる。そのことは式で、

$$F_x(t) = 0$$

と表せる。矢印の長さが 0 になるから図に描くと点になっちゃうけどね」

ユーリ「力が掛かってないのに力を考えるんだ。へえ……」

僕「そうそう。ニュートンの運動方程式に当てはめるためだね。力が 0 のときも運動の法則は成り立つから」

ユーリ「ほほー！」

僕「ボールに掛かっている力の y 成分は重力だけだから、

$$F_y(t) = -F$$

と表せる」

ユーリ「F じゃなくて $-F$ なの？　急にマイナスがついたよ」

僕「いまは重力の大きさを F としている。だから、重力を表す矢印の長さが F だと考えるといい。重力の向きは鉛直方向下向きだけど、いまは鉛直方向上向きを正の向きと決めたから、向きも合わせて力の y 成分を表すと $-F$ になる」

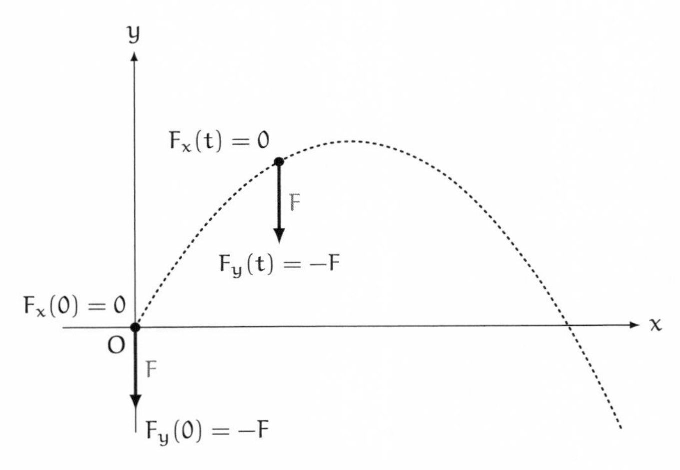

ボールに掛かる力

ユーリ「じゃあ、もしも鉛直方向下向きを正の向きと決めたら、$F_y(t) = F$ になるんだね？」

僕「その通り！」

ユーリ「だったらわかった」

僕「次はボールの**速度**だ。飛んでいるボールは、こんなふうに速度を持ってどこかに向かっている」

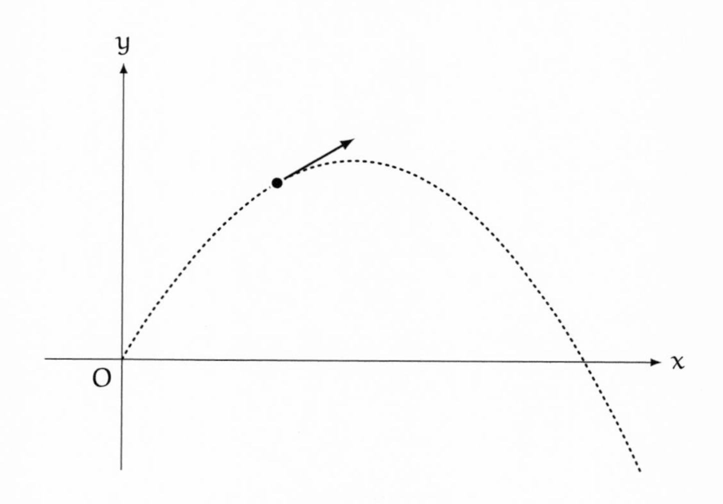

ユーリ「どこかに向かって……」

僕「速度も、x 成分と y 成分に分解しよう」

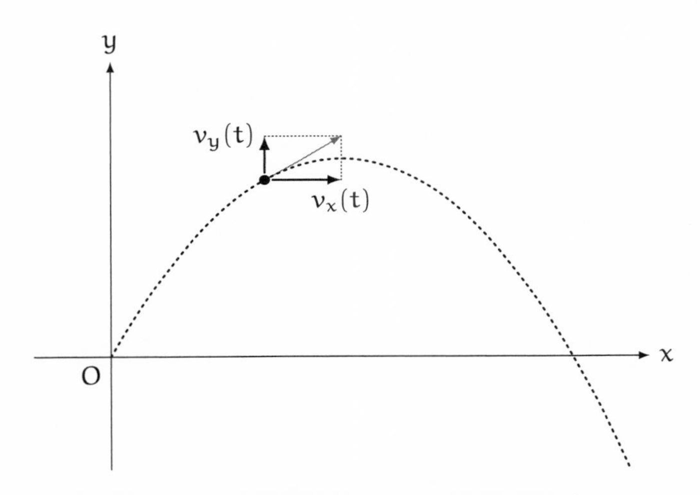

時刻 t における速度を x 成分と y 成分に分解する

ユーリ「$v_x(t)$ と $v_y(t)$ も関数になってる」

僕「そうだね。時刻 t における速度を x 成分と y 成分に分解すると、それぞれが時刻 t の関数になってるね。

- 時刻 t における速度の x 成分を $v_x(t)$ で表す。
- 時刻 t における速度の y 成分を $v_y(t)$ で表す。

この二つの関数を使えば、ボールを投げる向きや速さも表せるよ。気にしてたよね、ユーリ」

ユーリ「おっ、投げる向き？」

僕「投げた瞬間の速度を表す矢印の《向き》がボールを投げる向きになる。そして速度を表す矢印の《長さ》がボールを投げる速さ……つまり速度の大きさ……になる」

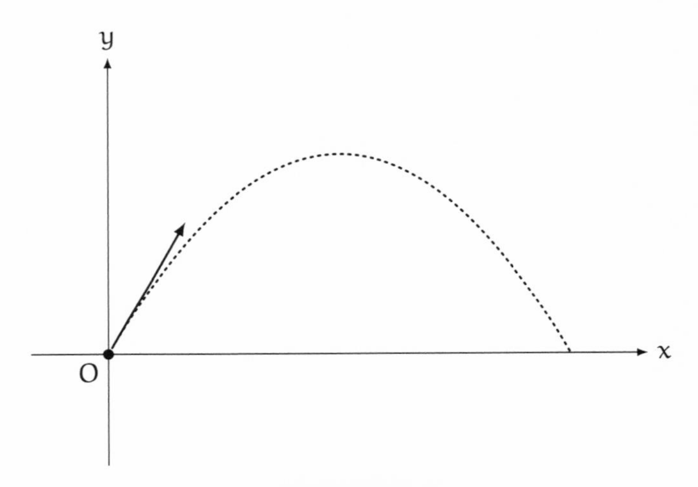

投げた瞬間の速度

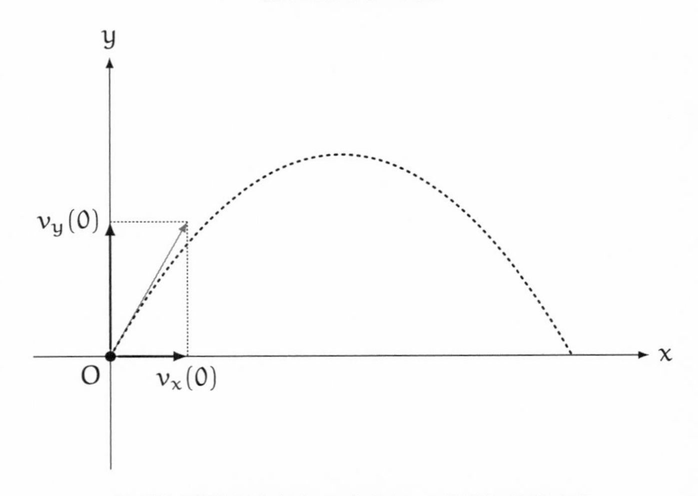

投げた瞬間の速度を x 成分と y 成分に分解する

ユーリ「……」

僕「投げた瞬間の時刻は $t = 0$ だから、速度の x 成分は $v_x(0)$ で、y 成分は $v_y(0)$ と表せる」

ユーリ「ちょっと待って。投げる向きって速度の向きなの？」

僕「そうだね。なぜかというと、ほんの少し時間が経ったら、ボールは速度の向きに進んでいくことになるから。投げる向きってそういうことだよね」

ユーリ「あー……そーなるか」

僕「ボールにはいろんな投げ方があるけれど、どんな投げ方も、$v_x(0)$ と $v_y(0)$ の値として表せる」

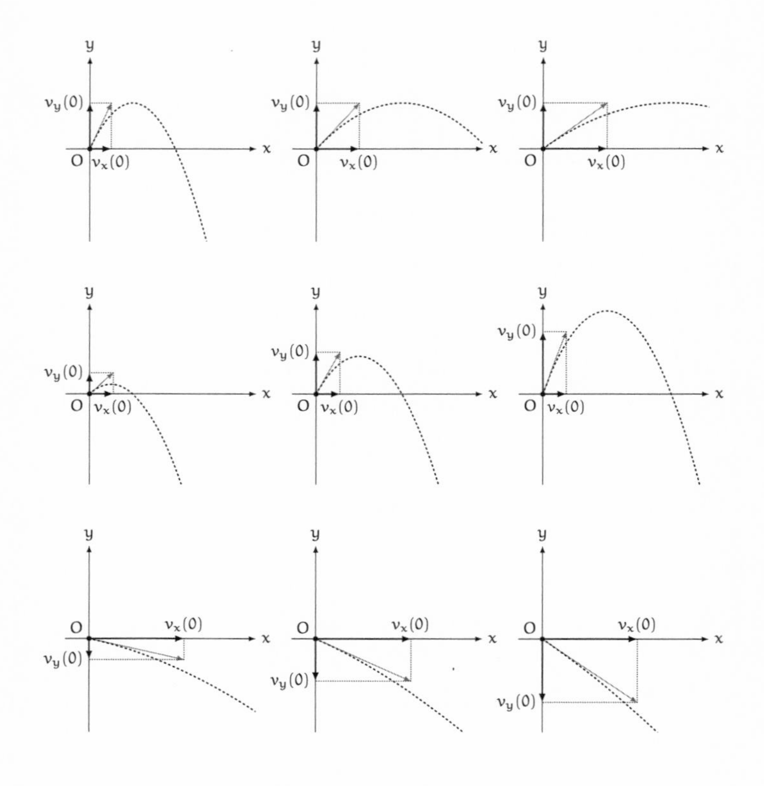

さまざまな投げ方と $v_x(0), v_y(0)$ の関係

ユーリ「ちょっと待って。$v_x(0)$ って関数だっけ？」

僕「$v_x(0)$ は関数そのものじゃなくて、関数 $v_x(t)$ の時刻 $t = 0$ での値だよ。$v_x(0)$ は、速度の x 成分の時刻 0 における値を表している」

ユーリ「あ、わかった」

僕「最初の速度のことを**初速度**(しょそくど)というときもあるから、

- $v_x(0)$ は初速度の x 成分を表す。
- $v_y(0)$ は初速度の y 成分を表す。

といってもいい。この $v_x(0)$ と $v_y(0)$ の組で投げ方が決まるわけだ」

ユーリ「投げ方は初速度だってことね」

僕「そして、**投げ方を変えても、運動の法則は変わらない**」

ユーリ「は？ 投げ方でボールの動きは変わるって話でしょ？」

僕「そうなんだけど、投げ方を変えたからといってニュートンの運動方程式の形が変わるわけじゃないよ。

- ボールの投げ方は、$v_x(0)$ と $v_y(0)$ という初速度のこと。
- ボールの位置は、$x(t)$ と $y(t)$ のこと。

投げ方からボールの位置を求めるときに使う道具はいつも同じ。ニュートンの運動方程式と積分なんだ」

ユーリ「すごいけど……いまいちピンと来ない」

僕「ここから具体的に計算していくとわかるよ」

ユーリ「んじゃ、早く計算しよう！」

2.10　ニュートンの運動方程式を二つ立てる

僕「ここからニュートンの運動方程式を二つ立てる。つまり x 方向と y 方向のそれぞれだね。ニュートンの運動方程式を立てるためには、力と質量と加速度が要るから、加速度の書き方も決めておこう」

- 時刻 t における加速度の x 成分を $a_x(t)$ で表す。
- 時刻 t における加速度の y 成分を $a_y(t)$ で表す。

ユーリ「おっけー」

僕「たくさん文字が出てきたから、時刻 t におけるボールの情報をまとめておこうか」

	位置	速度	加速度	力
x 方向	$x(t)$	$v_x(t)$	$a_x(t)$	$F_x(t) = 0$
y 方向	$y(t)$	$v_y(t)$	$a_y(t)$	$F_y(t) = -F$

時刻 t におけるボールの情報

ユーリ「にゃるほど」

僕「投げた時刻 $t = 0$ におけるボールの情報もまとめておくね」

	位置	速度	加速度	力
x 方向	$x(0) = 0$	$v_x(0)$	$a_x(0)$	$F_x(0) = 0$
y 方向	$y(0) = 0$	$v_y(0)$	$a_y(0)$	$F_y(0) = -F$

時刻 0 におけるボールの情報

ユーリ「おもしろーい！」

僕「え？　何かおもしろいところあった？」

ユーリ「バラバラにするのがおもしろーい！　ボールを投げるだけなのに、位置・速度・加速度・力ってバラバラにしてるじゃん？　それから x 方向と y 方向にもバラバラにしてる。そこがおもしろい！」

僕「なるほどねえ……そういうところがツボなんだ」

ユーリ「バラバラにしてキッチリしてくとこが好き」

2.11　x 方向：《力》→《加速度》

僕「x 方向でわかっていることをまとめておこう」

x 方向、時刻 t におけるボールの情報

《力》	$F_x(t) = 0$	← 力は 0 だとわかっている
《加速度》	$a_x(t) = ?$	
《速度》	$v_x(t) = ?$	
《位置》	$x(t) = ?$	

ユーリ「わかっているのは $F_x(t) = 0$ だけ」

僕「そうだね。いよいよ、ニュートンの運動方程式、

$$F = ma$$

に当てはめよう。運動の法則を x 方向について考えると、

$$\underbrace{F_x(t)}_{\text{力}} = m\,\underbrace{a_x(t)}_{\text{加速度}}$$

という式がどんな t についても成り立つといえる。この式は x 方向で《力と加速度は比例する》ことを表しているわけだ」

ユーリ「ふむふむ」

僕「力は $F_x(t) = 0$ だとわかっているし、質量も m として与えられているから、加速度 $a_x(t)$ がわかる」

$$
\begin{aligned}
F_x(t) &= ma_x(t) && \text{ニュートンの運動方程式から} \\
0 &= ma_x(t) && F_x(t) = 0 \text{ だから} \\
ma_x(t) &= 0 && \text{両辺を交換した} \\
a_x(t) &= \frac{0}{m} && m > 0 \text{ なので両辺を } m \text{ で割ることができる} \\
a_x(t) &= 0 && \tfrac{0}{m} = 0 \text{ だから}
\end{aligned}
$$

ユーリ「結局、$a_x(t) = 0$ になった」

僕「そうだね。ここまでで——

- どんな時刻 t でも、加速度の x 成分は 0 である。だから、
- どんな時刻 t でも、速度の x 成分は変化しない。

——だとわかった。だから x 方向は等速度運動になる」

ユーリ「等速度運動……？」

僕「だよね。速度の x 成分が変化しないんだから」

ユーリ「むむっ、お兄ちゃん！」

僕「ん？」

ユーリ「等速度運動も等加速度運動なんだね！」

僕「その通り。等速度運動は、加速度が 0 の等加速度運動だよ」

ユーリ「加速度が 0 になったのは、力が 0 だからじゃん？」

僕「そうだね。力の x 成分が 0 なので、加速度の x 成分も 0 になる。運動の法則《力と加速度は比例する》の通りだね」

ユーリ「力が 0 のときでも、ほんとにニュートンの運動方程式が

使えるんだね。おもしろーい！」

x 方向、時刻 t におけるボールの情報

《力》	$F_x(t) = 0$	ニュートンの運動方程式
《加速度》	$a_x(t) = 0$	
《速度》	$v_x(t) =$ ？	
《位置》	$x(t) =$ ？	

2.12　x 方向：《加速度》→《速度》

僕「加速度がわかったから、速度もわかる。加速度が 0 だから速度は変わらない。だから、速度の x 成分は $v_x(0)$ のまま一定になる。要するに、どんな t についても、

$$v_x(t) = v_x(0)$$

が成り立つ。これで僕たちは《加速度》から《速度》を得た。加速度を時刻で積分して速度を得たんだ」

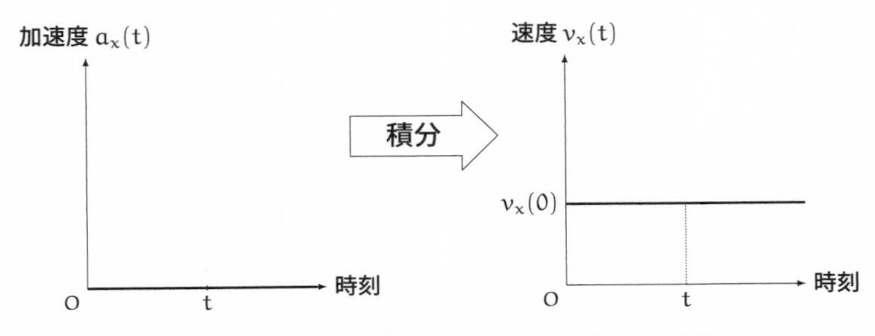

x 方向：《加速度》を時刻で積分して《速度》を得る

ユーリ「加速度 $a_x(t) = 0$ だから、投げたときの速度 $v_x(0)$ のまま飛んでく！」

僕「そういうことだね。これで x 方向にはずっと $v_x(0)$ という一定の速度で動き続けることがわかった」

x 方向、時刻 t におけるボールの情報

《力》	$F_x(t) = 0$
《加速度》	$a_x(t) = 0$
《速度》	$v_x(t) = v_x(0)$
《位置》	$x(t) = ?$

（《加速度》→《速度》：時刻で積分）

ユーリ「次は位置！」

2.13　x 方向：《速度》→《位置》

僕「速度から位置を求める。速度が $v_x(t) = v_x(0)$ で一定のときの、時刻 t における位置 $x(t)$ を求めたい」

ユーリ「速度に、掛かった時間を掛ける」

僕「うん、そういうこと。速度が一定だから、速度に《掛かった時間》を掛けると《位置の変化》が得られる。つまり、

$$\begin{array}{ccccc} \text{《位置の変化》} & = & \text{《速度》} & \times & \text{《掛かった時間》} \\ \vdots & & \vdots & & \vdots \\ x(t) - x(0) & = & v_x(0) & \times & (t - 0) \end{array}$$

になって、どんな時刻 t においても、

$$x(t) - x(0) = v_x(0)t$$

が成り立つことになる。つまり、

$$x(t) = v_x(0)t + x(0)$$

だ」

ユーリ「$x(0) = 0$ だから、

$$x(t) = v_x(0)t$$

だよね？　原点から投げてるもん」

僕「そうだね。これで《速度》から《位置》を得た。速度を時刻で積分して位置を得たことになる。速度が一定だから $v_x(0)$ に掛かった時間 t を掛ける——《速度のグラフ》でいえば長

方形の面積が《位置のグラフ》になる」

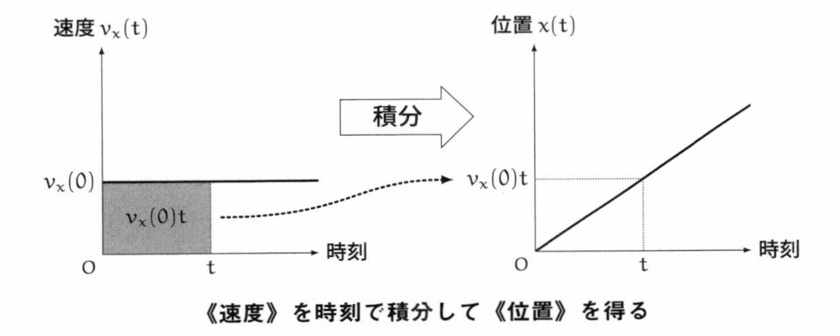

《速度》を時刻で積分して《位置》を得る

ユーリ「縦が $v_x(0)$ で横が t の長方形の面積」

僕「これで僕たちは時刻 t における位置 $x(t)$ を得た。僕たちは、投げたボールの x 方向の運動を、ニュートンの運動方程式を使って解き明かしたといえる」

ユーリ「力、加速度、速度、位置、ぜーんぶわかった！」

---

x 方向、時刻 t におけるボールの情報

《力》	$F_x(t) = 0$
《加速度》	$a_x(t) = 0$
《速度》	$v_x(t) = v_x(0)$
《位置》	$x(t) = v_x(0)t$

（《速度》から《位置》へ：時刻で積分）

2.14　y 方向：《力》→《加速度》

僕「y 方向も考え方は同じ。まず力の y 成分は……」

ユーリ「$F_y(t) = -F$ だよね。地球からボールに掛かる重力だけ」

> **y 方向、時刻 t におけるボールの情報**
>
> 《力》　　　$F_y(t) = -F$　← 地球からの重力
>
> 《加速度》　$a_y(t) = ?$
>
> 《速度》　　$v_y(t) = ?$
>
> 《位置》　　$y(t) = ?$

僕「力から加速度を求めるには——」

ユーリ「またニュートンの運動方程式」

僕「うん。今度は運動の法則を y 方向について考える。すると、

$$\underbrace{F_y(t)}_{\text{力}} = m\,\underbrace{a_y(t)}_{\text{加速度}}$$

という式がどんな t についても成り立つといえる」

ユーリ「ここから加速度がわかる！」

僕「うん。そうだね。

$$F_y(t) = ma_y(t)$$

で $m > 0$ だから、

$$a_y(t) = \frac{F_y(t)}{m} = -\frac{F}{m}$$

がいえる」

y 方向、時刻 t におけるボールの情報

《力》	$F_y(t) = -F$	ニュートンの運動方程式
《加速度》	$a_y(t) = -\frac{F}{m}$	
《速度》	$v_y(t) = ?$	
《位置》	$y(t) = ?$	

ユーリ「カンタン、カンタン」

僕「加速度の y 成分は、

$$a_y(t) = -\frac{F}{m}$$

になる。重力の大きさ $F > 0$ も質量 $m > 0$ も時刻で変化しないから、

$$a_y(t) = -\frac{F}{m} < 0$$

となって、加速度の y 成分は時刻で変化しない負の値になる」

2.15　y 方向：《加速度》→《速度》

ユーリ「加速度がマイナス？　だったら、速度はどんどん小さくなってくの？　投げたボールが落ちてくるときも？」

僕「そうだね。落ちてくるときは、下向きに速くなっていく。いまは上向きを正としているから、下向きに速くなるということは速度はどんどん小さくなる。-10 よりは -20 の方が小さいよね？」

ユーリ「そっか……向きがあるんだった！」

僕「加速度が一定だから、加速度に《掛かった時間》を掛けると《速度の変化》が得られる。つまり、

$$
\begin{array}{ccccc}
\text{《速度の変化》} & = & \text{《加速度》} & \times & \text{《掛かった時間》} \\
\vdots & & \vdots & & \vdots \\
v_y(t) - v_y(0) & = & -\frac{F}{m} & \times & (t-0)
\end{array}
$$

になって、どんな時刻 t においても、

$$
v_y(t) - v_y(0) = -\frac{F}{m}t
$$

が成り立つことになる。つまり、

$$
v_y(t) = -\frac{F}{m}t + v_y(0)
$$

になるね」

ユーリ「F は重力で、m は質量で、$v_y(0)$ は速度」

僕「そうだね。加速度は F と m で決まる。$v_y(0)$ は投げた瞬間の速度の y 成分だから投げ方で決まる。結局 $v_y(t)$ の具体的な値は重力と質量と投げ方で決まることになる」

ユーリ「うん」

僕「時刻 t における速度の y 成分が得られた。

$$v_y(t) = -\frac{F}{m}t + v_y(0)$$

これで《加速度》から《速度》が得られたね」

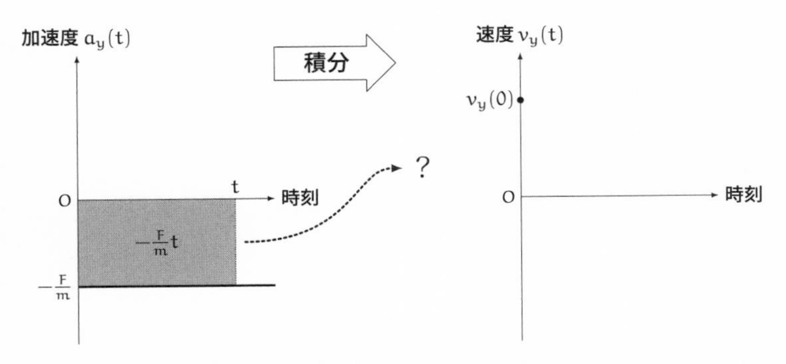

《加速度》を時刻で積分して《速度》を得る？

ユーリ「待って。《加速度》はマイナスになるじゃん？　マイナスのとき、面積はどーなるの？」

僕「《速度のグラフ》を描いてみよう」

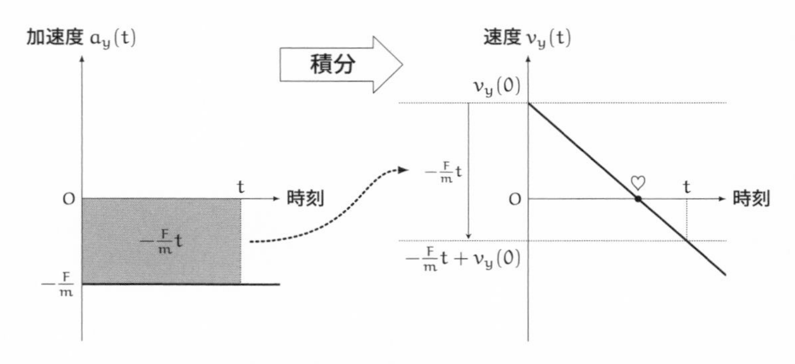

《加速度》を時刻で積分して《速度》を得る

ユーリは、じっくりと二つのグラフを見比べる。

ユーリ「左が《加速度のグラフ》で右が《速度のグラフ》だよね……」

僕「加速度はマイナスだから《加速度のグラフ》は横軸よりも下に来ている。そして《速度のグラフ》は右下がりになる」

ユーリ「うん、それはわかる。でも、面積がマイナス？」

僕「面積というと普通は正の値を考えるけれど、ここでは負の面積 $-\frac{F}{m}t$ として考えた方がわかりやすい。$-\frac{F}{m}t$ はマイナスだけど、《速度のグラフ》でいうと、$v_y(0)$ からどれだけ速度が変化したかを表しているといえるから」

ユーリ「$-\frac{F}{m}t$ が速度の変化ってことね」

僕「加速度が $-\frac{F}{m}$ という一定の値で、t だけ時間が経過したんだから、速度の変化は $-\frac{F}{m}t$ になる」

ユーリ「ユーリ、理解した！　右のグラフにある ♡ は何？」

僕「この《速度のグラフ》では、時刻 $t=0$ の速度は $v_y(0)>0$ になってる。でも、時間が経つとだんだん速度は小さくなっていって、速度が $v_y(t)=0$ になる時刻 t がある。その時刻を ♡ としてみたんだ。つまり、

$$v_y(\heartsuit)=0$$

ということ。ボールを上に向けて投げたとき、次第に高くなっていくけど、どこかで高くなるのが止まって、そこから後は落ちていく。その y 方向の動きが一瞬止まるところ。速度が 0 になる時刻が ♡ なんだ」

ユーリ「じゃ、♡ は――投げたボールが、一番高くなる時刻？」

僕「そうだね！」

y 方向、時刻 t におけるボールの情報

《力》	$F_y(t) = -F$	
《加速度》	$a_y(t) = -\frac{F}{m}$	時刻で積分
《速度》	$v_y(t) = -\frac{F}{m}t + v_y(0)$	
《位置》	$y(t) = \ ?$	

2.16 y 方向：《速度》→《位置》

ユーリ「速度 $v_y(t)$ が出たから次は位置 $y(t)$ でしょ？」

僕「そう！　《速度》を時刻で積分して《位置》を求めたい」

ユーリ「これも面積？」

僕「そうだね！　今度は《速度のグラフ》が作っている領域の面積を求めれば《位置のグラフ》が得られる！　さあ、もうすぐゴールだ！」

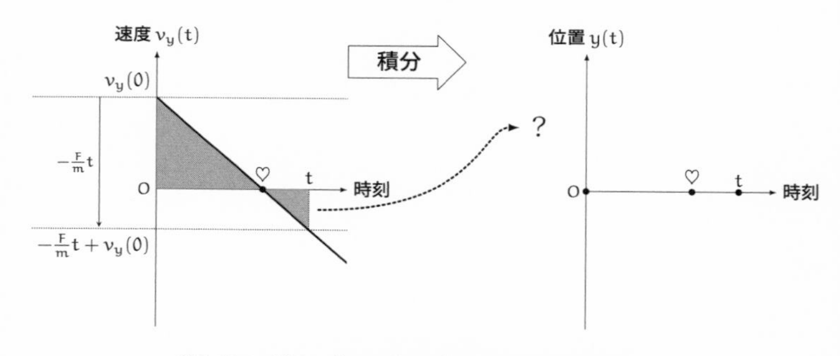

《速度のグラフ》が作る領域の面積を求めよう

ユーリ「面積は……これどーすんの？」

僕「横軸よりも上の面積はプラスとして、横軸よりも下の面積はマイナスとして足し合わせるんだね。要するに、

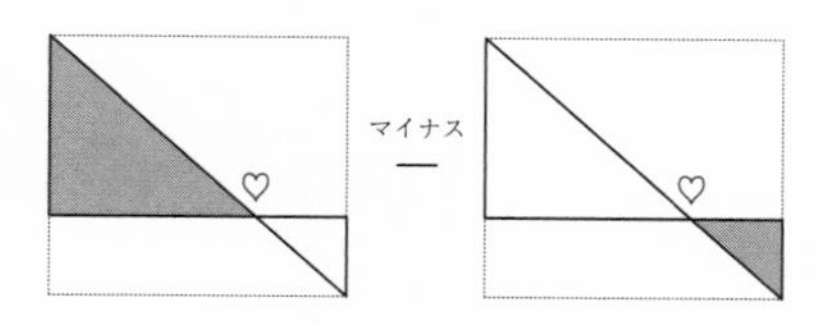

という引き算をするわけだ」

ユーリ「うわめんどい。この ♡ で切り替わるのかー」

僕「考えにくいから、必要な部分だけ整理しよう。要するにこう

なっている」

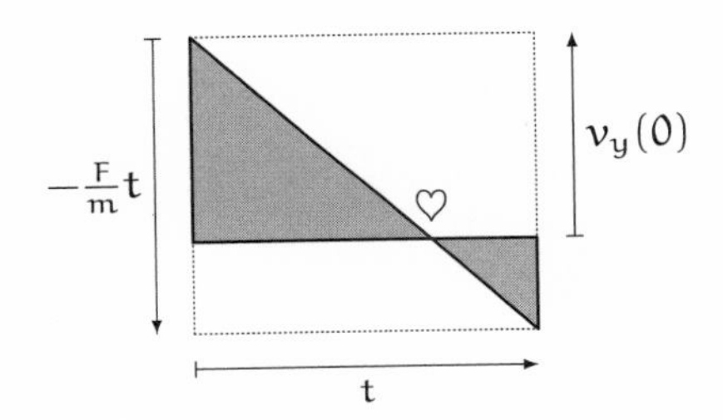

ユーリ「ふむふむ」

僕「これを大きな三角形から、下の長方形を引くと考えればいい」

ユーリ「大きな三角形？ 下の長方形？」

僕「これが大きな三角形で、面積は $\frac{F}{2m}t^2$ になる」

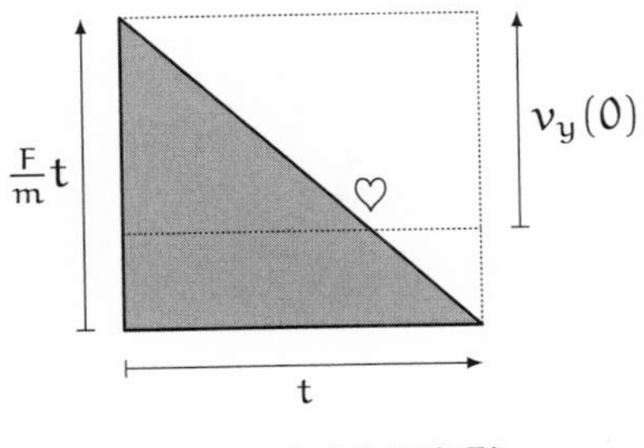

大きな三角形

ユーリ「$\frac{F}{2m}t^2$ に……なるね！ 三角形の面積！」

僕「そして下の長方形の面積は $\frac{F}{m}t^2 - v_y(0)t$ になる」

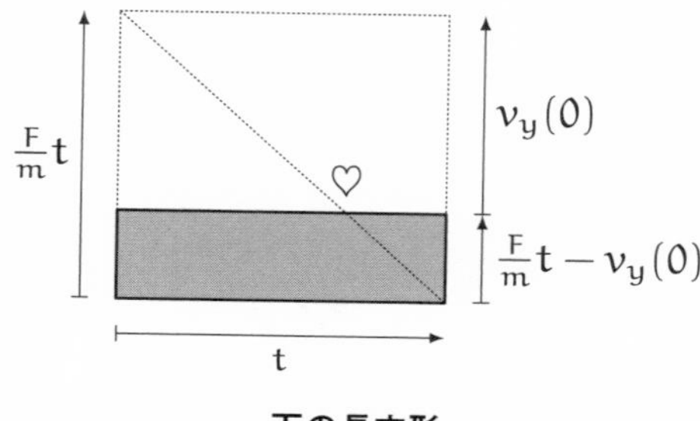

下の長方形

ユーリ「おもしろ！　縦×横」

僕「あとは引き算すればいい」

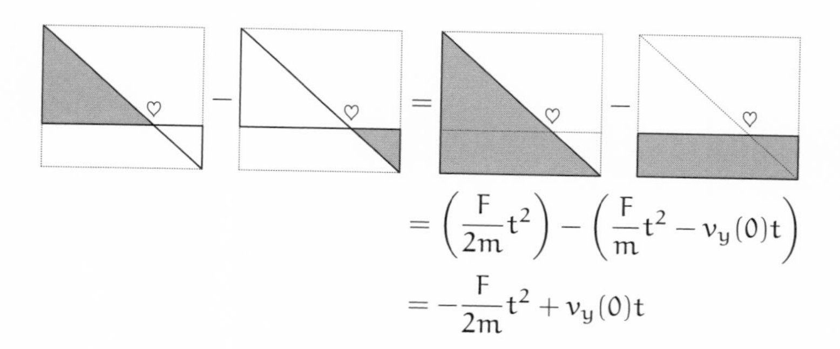

$$
\begin{aligned}
&= \left(\frac{F}{2m}t^2\right) - \left(\frac{F}{m}t^2 - v_y(0)t\right) \\
&= -\frac{F}{2m}t^2 + v_y(0)t
\end{aligned}
$$

ユーリ「これが $y(t)$ だよね！」

僕「そうだね！　時刻 t のときの位置は、

$$
y(t) = -\frac{F}{2m}t^2 + v_y(0)t
$$

だとわかった」

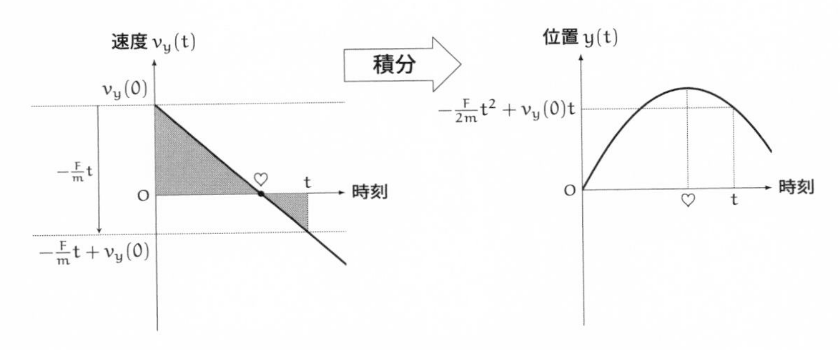

《速度》を時刻で積分して《位置》を得る

y 方向、時刻 t におけるボールの情報

《力》	$F_y(t) = -F$
《加速度》	$a_y(t) = -\frac{F}{m}$
《速度》	$v_y(t) = -\frac{F}{m}t + v_y(0)$
《位置》	$y(t) = -\frac{F}{2m}t^2 + v_y(0)t$

（時刻で積分）

ユーリ「やった！　放物線が出てきた！」

僕「いやいや、確かにこれは放物線だけど、横軸が時刻だから、飛んでいるときの軌跡を表しているものじゃない。

$$\begin{cases} x(t) = v_x(0)t \\ y(t) = -\frac{F}{2m}t^2 + v_y(0)t \end{cases}$$

ここから $x(t)$ と $y(t)$ の関係式を作る計算をする」

ユーリ「えー……」

僕「計算を楽にするため、文字をこう置き換える[*2]。

置き換え前	$x(t)$	$y(t)$	$v_x(0)$	$v_y(0)$	$\frac{F}{m}$
	↓	↓	↓	↓	↓
置き換え後	x	y	u	v	g

そうすると、$x(t)$ と $y(t)$ はこんなふうに書ける」

$$\begin{cases} x(t) = v_x(0)t \\ y(t) = -\frac{F}{2m}t^2 + v_y(0)t \end{cases} \rightarrow \begin{cases} x = ut & \cdots① \\ y = -\frac{1}{2}gt^2 + vt & \cdots② \end{cases}$$

ユーリ「めっちゃ簡単になった」

僕「①と②で t を消去すると x と y の関係式が出るんだよ。まず $u \neq 0$ のとき、①の $x = ut$ から

$$t = \frac{x}{u}$$

となるから、これを②の t に代入する。

$$\begin{aligned} y &= -\frac{1}{2}gt^2 + vt && \text{②より} \\ &= -\frac{1}{2}g\left(\frac{x}{u}\right)^2 + v\left(\frac{x}{u}\right) && t = \tfrac{x}{u} \text{ を代入した} \\ &= -\frac{g}{2u^2}x^2 + \frac{v}{u}x && \text{計算した} \end{aligned}$$

ここで、$a = -\frac{g}{2u^2}, b = \frac{v}{u}, c = 0$ とおくと、

$$y = ax^2 + bx + c \qquad (a \neq 0)$$

[*2] この g を**重力加速度**といいます（詳細は第 3 章）。

となって、放物線の方程式が得られた！」

ユーリ「これは $u \neq 0$ のときだけだよね？」

僕「おっと、ごめんごめん。$u = 0$ のときを考えていなかったね。$u = 0$ は、$v_x(0) = 0$ ということだから、ボールを真上か真下に投げる状況に相当する。そっと手を離してぽとりと落としてもいい。その場合のボールの軌跡は鉛直方向の半直線になるけれど、それはぺしゃんとつぶれた放物線といえる」

ユーリ「そっか……」

僕「放物線が得られたのに、喜び方が小さいのはなぜだろう」

ユーリ「あのね、放物線なのはわかったの。でもね、その代わり、わかんないことが出てきちゃった。話、戻してもいい？ すごく戻るんだけど」

僕「もちろん」

2.17 ユーリの疑問

ユーリ「ニュートンの運動方程式 $F_y(t) = ma_y(t)$ から、

$$a_y(t) = \frac{F_y(t)}{m} = -\frac{F}{m}$$

って計算したじゃん？ m が分母にあるから、質量 m がすごーく大きいとき、加速度の

$$a_y(t) = -\frac{F}{m}$$

はすごーく0に近いよね？　それって下に落ちにくいってことにならない？」

僕「すばらしい！　ユーリは式を読んで考えたんだね！」

ユーリ「質量が大きいものほど、投げたらふわふわ落ちていくってておかしーじゃん！」

僕「ユーリの疑問はこうだね」

ユーリの疑問

投げたボールの時刻 t における y 方向の加速度 $a_y(t)$ は、

$$a_y(t) = -\frac{F}{m} \qquad \text{（一定）}$$

と求められた。F は地球からボールに掛かる重力の大きさで、m はボールの質量である。この式から、質量 m が大きくなるほど、y 方向の加速度 $a_y(t)$ は0に近づくといえそうだが、それはおかしいのではないか。

ユーリ「おかしーよね？　どーしたニュートン！」

僕「ユーリの疑問はすばらしいよ。そしてニュートンの運動方程式だけではその疑問を解決できない」

ユーリ「なんで!?　ニュートンの運動方程式でぜんぶわかるんじゃなかったの？」

僕「ニュートンの運動方程式で表される運動の法則は《力と加速

度は比例する》と主張する」

ユーリ「知ってる」

僕「でも、運動の法則は地球の重力については何も主張しない。地球からボールに力が掛かっていることや、どのくらいの大きさの力が掛かるかについては、ニュートンの運動方程式からは出てこない」

ユーリ「だったらどーすんの？」

僕「そこで、ニュートンの別の発見が生きてくる」

ユーリ「？」

僕「ニュートンが発見した**万有引力**（ばんゆういんりょく）**の法則**だよ。この法則が、ユーリの疑問を解決してくれる！」

ユーリ「！」

第2章の問題

●問題 2-1（力・加速度・速度）

地上から斜め上にボールを投げました。空中を飛んでいる途中のボールについて、①～⑤の主張が正しいか誤りかをそれぞれ判定してください。なお、空気抵抗はないものとします。

① ボールに掛かる力は「地球からの重力」と「投げた手からの力」の二つである。

② ボールが持つ加速度の向きは、鉛直方向下向きである。

③ ボールが持つ加速度の大きさは、飛んでいる途中で変化せず一定である。

④ ボールが持つ速度の向きは、鉛直方向下向きである。

⑤ ボールが持つ速度の大きさは、飛んでいる途中で変化せず一定である。

（解答は p. 294）

●問題 2-2（さまざまな力）

①～⑤の問いに「何に対して、何から、どんな向きの力が掛かっているから」という形式で答えてください。なお、①と②に関しては力の大きさについても答えてください。

① 机の上に置いてある本には鉛直下向きに地球から重力が掛かっているのに、本が鉛直下向きに動き出さないのはなぜですか。

② 糸で吊るして静止している重りには鉛直下向きに地球から重力が掛かっているのに、重りが鉛直下向きに動き出さないのはなぜですか。

③ 置いてある鉄の釘（くぎ）に磁石を近づけると、釘が動き出して磁石にくっつくのはなぜですか。

④ 下敷きで髪の毛をこすると、髪の毛が立ち上がるように動いて下敷きにくっつくのはなぜですか。

⑤ 方位磁針のN極が、北を向くように動くのはなぜですか。

（解答は p. 298）

●問題 2-3（力の単位）

力の大きさと加速度の大きさは比例します。1 kg の質量を持つ質点に対して、1 m/s^2 の加速度を与える力の大きさを、

$$1\ \overset{\text{ニュートン}}{\mathrm{N}}$$

と定めます。1 N を国際単位系（SI）の基本単位で表すと、

$$1\,\mathrm{N} = 1\,\mathrm{kg}\cdot\mathrm{m/s^2}$$

になります。次の問いに答えてください。

① 地球上で、質量 50 kg の人に掛かる重力の大きさ F は何 N ですか。

② 地球上で、質量 200 g のリンゴに掛かる重力の大きさ F は何 N ですか。

③ 地球上で、1 N の重力が掛かる物体の質量は何 g ですか（小数第一位を四捨五入して答えてください）。

ただし、重力加速度を $g = 9.8\,\mathrm{m/s^2}$ とします。

（解答は p. 302）

重力加速度

質量 m の質点に地球から働く重力の大きさ F は一定で、定数 g を使って

$$F = mg$$

と表すことができます。この定数 g を**重力加速度**といいます（詳細は第3章）。

●**問題 2-4**（一般化）

時刻 $t=0$ に原点から速度 (u,v) でボールを投げると、時刻 t におけるボールの位置 (x,y) は次のように表されます。

$$\begin{cases} x = ut \\ y = -\frac{1}{2}gt^2 + vt \end{cases}$$

ただし、u は速度の x 成分、v は速度の y 成分、g は重力加速度で、$t \geqq 0$ とします（p. 98 より）。

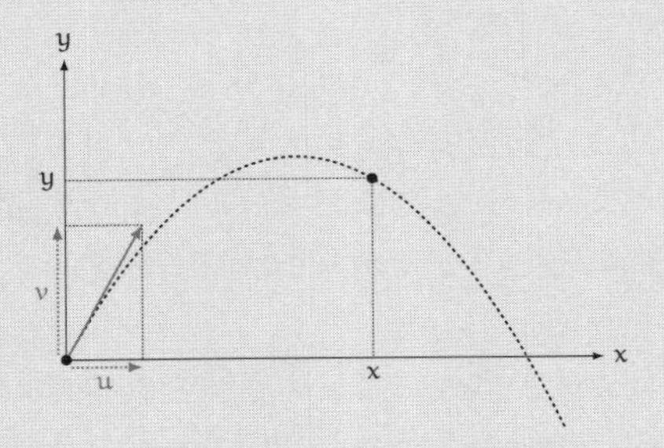

では、時刻 $t=t_0$ に位置 (x_0,y_0) から速度 (u,v) でボールを投げると、時刻 t におけるボールの位置 (x,y) はどのように表されますか。ただし、$t \geqq t_0$ とします。

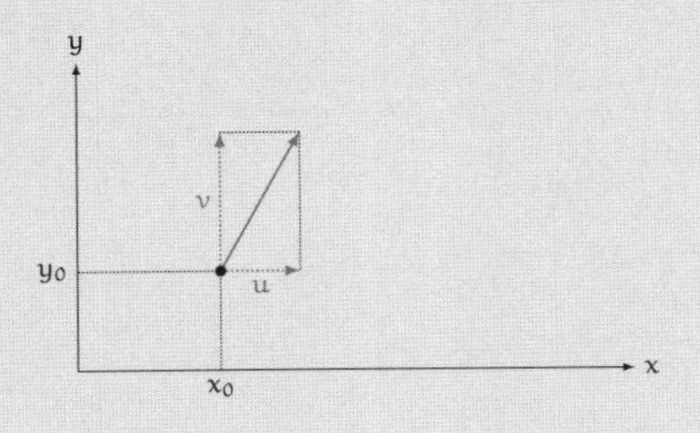

（解答は p. 306）

●問題 2-5（ボールを投げてわかること）

時刻 $t = 0$ に原点から速度 (u, v) でボールを投げると、時刻 t におけるボールの位置 (x, y) は次のように表されます（p. 98 より）。

$$\begin{cases} x = ut \\ y = -\frac{1}{2}gt^2 + vt \end{cases}$$

ただし、u は速度の x 成分、v は速度の y 成分、g は重力加速度で、$t \geqq 0$ とします。

次の問いに答えてください。

① 鉛直上向きに初速度 100 km/h でボールを投げ上げました。投げてから 3 秒後に、ボールは投げた位置から何 m の高さにあるでしょうか（小数第一位を四捨五入して答えてください）。

② 崖の上から海に向かって、ボールを初速度 100 km/h で水平方向に投げたところ、投げてから 3 秒後に着水しました。この崖は海から何 m の高さにあるでしょうか（小数第一位を四捨五入して答えてください）。

重力加速度は $g = 9.8\,\mathrm{m/s^2}$ とします。

（解答は p. 309）

●問題 2-6（ボールを投げる高さ）

高さ H の地点から水平にボールを投げたところ、水平距離で L だけ離れた地面に落ちました。初速度は変えずに投げる高さを変え、水平距離で 2L だけ離れた地面に落としたいとします。そのための高さを H で表してください。

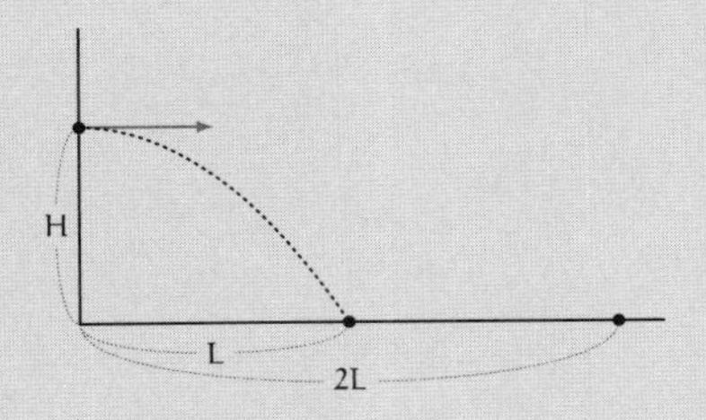

（解答は p. 312）

第3章

万有引力の法則

“言葉の役目は一つじゃない。”

3.1 高校にて

テトラ「ちょっとお待ちくださいっ！」

テトラちゃんは声を上げて僕の話を止めた。

ここは、僕の高校の図書室。いまは放課後。

僕は後輩のテトラちゃんとおしゃべりをしていた。

先日いとこのユーリと計算した《投げたボールの位置》を僕が説明して、ちょうど《ユーリの疑問》までたどり着いたところ。

僕「どうしたの、テトラちゃん」

テトラ「先輩のお話、あたしも何とか理解していると思うんです。ボールを投げると放物線を描いて飛ぶ。そのことを、ニュートンの運動方程式から積分を使って導いた――わけですよね」

僕「うん、その通りだよ」

テトラ「でも……あたしはユーリちゃんの疑問に、何と答えていいかわかりません。私も同じように感じてしまうんです！」

僕「なるほど」

ユーリの疑問（再掲）
投げたボールの時刻 t における y 方向の加速度 $a_y(t)$ は、

$$a_y(t) = -\frac{F}{m} \qquad \text{（一定）}$$

と求められた。F は地球からボールに掛かる重力の大きさで、m はボールの質量である。この式から、質量 m が大きくなるほど、y 方向の加速度 $a_y(t)$ は 0 に近づくといえそうだが、それはおかしいのではないか。

テトラ「質量 m が大きくなるのは分母が大きくなるということですから、y 方向の加速度 $a_y(t)$ は 0 に近づきますよね。加速度が 0 に近いなら速度はあまり変化しません。ということは、仮に質量の違う二つのボールを高いところから落としたら、質量が大きい方が遅く地面に着く……んでしょうか？」

僕「万有引力の法則を使えば、その疑問にすぐ答えられるよ。ボールに対して地球から掛かる重力 F がわかるから」

テトラ「万有引力の法則は知っていますが……」

テトラちゃんは大きな目をパチパチさせて僕を見る。

僕「ニュートンが発見した**万有引力の法則**によると、地球からボールに掛かる**重力の大きさはボールの質量に比例**する。つまり、質量が2倍になれば重力の大きさも2倍になるし、質量が3倍になれば重力の大きさも3倍になる。だから、質量 m の質点に地球から働く重力の大きさ F は、g(ジー)を比例定数として、

$$F = mg$$

と表せる。この定数 g は**重力加速度**と呼ばれているよ[*1]」

テトラ「質量が m の質点には大きさ mg の重力が掛かる?」

僕「そういうことだね。質量 m の質点が空中にあって重力だけが掛かっている状況を改めて考えてみよう。符号で混乱しないように、ここでは鉛直下向きを正の向きとしておくね」

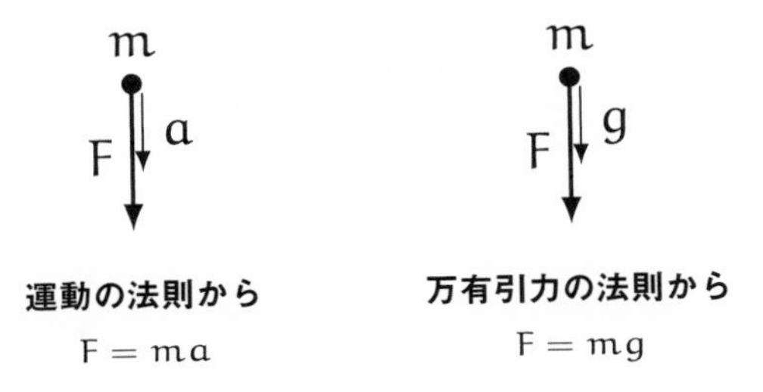

テトラ「図が二つあります」

僕「うん。左の図は、運動の法則 つまりニュートンの運動方程式を当てはめた様子。質量 m の質点には重力 F だけが掛かっているから、質点の加速度を a とすると、

$$F = ma$$

が成り立つ。力と加速度の関係を表す式だね」

テトラ「はい。ニュートンの運動方程式そのままです」

---

*1 重力加速度 $g = 9.80665\,\mathrm{m/s^2}$

僕「そして右の図は、同じ状況に万有引力の法則を当てはめた様子。質量 m の質点に掛かる重力を F とすると、F は重力加速度 g という定数を使って、

$$F = mg$$

で表される。これは重力の大きさを表す式」

テトラ「一つの状況に二つの法則を当てはめているのですね」

僕「そうそう。運動の法則から、質点に掛かる力は ma に等しい。一方、質点に掛かる力は重力だけで、万有引力の法則から、重力は mg に等しい。だから、

$$ma = mg$$

が成り立つ。両辺を m で割ると、

$$a = g$$

が得られる。この式は、

《質量 m の質点の加速度》＝《重力加速度》

を表していることになる」

テトラ「とすると、重力加速度は定数ですから——」

僕「そうなんだ。重力加速度は定数だから、$a = g$ という式は《重力で生じる加速度は、質量の大きさによらず一定である》と主張しているわけだ」

テトラ「わかりました。これであたしも、ユーリちゃんの疑問に答えられます。運動の法則から、質量が2倍になったら加速度は $\frac{1}{2}$ になりますけど、それはあくまで掛かる力が一定の場

合なんですね。万有引力の法則から、質量が2倍になったら重力の大きさも2倍になるので、$\frac{1}{2}$と2倍で打ち消し合って加速度は一定になります」

テトラちゃんは、両手をバタバタ上げ下げしながらそう言った。きっと、$\frac{1}{2}$と2とが打ち消し合う様子をジェスチャで表現してるんだろうな。

僕「そうだね。《ユーリの疑問》の式に戻るなら、打ち消し合う様子は m で約分するところでよくわかるよ」

$$\begin{aligned} a_y(t) &= -\frac{F}{m} && \text{ニュートンの運動方程式から得られた式} \\ &= -\frac{mg}{m} && \text{万有引力の法則から } F = mg \\ &= -g && m \text{ で約分した} \end{aligned}$$

テトラ「$a_y(t) = -g$ という負の定数になりました」

僕「ユーリと計算したときは鉛直方向上向きを正にしたから、$a_y(t) = -g$ は加速度が鉛直方向下向きということ」

テトラ「はい。先ほどの、

$$a_y(t) = -\frac{F}{m} \qquad \text{(一定)}$$

という式で、m を大きくしたら $a_y(t)$ が0に近づく——と考えましたが、質量 m を大きくしたらその分だけ F も大きくなるので一定のままなんですね」

僕「そうそう。$a_y(t) = -\frac{F}{m}$ を見て、m が大きいと $a_y(t)$ が0に近づくと誤解したのは、m が変化しても重力 F は一定だと勘違いしたからだね。実際は、質量 m が変化したら重力 F も変化するんだ」

テトラ「なるほどです。納得しましたっ！」

テトラちゃんは自分が本当に理解しているかどうか、いつも気にしている。だから、彼女の『納得しました』にはとても価値がある。

僕「なので、地球の重力だけが働いていると見なせるなら、質量の違う二つの物体を高いところから落としても地上には同時に到着する。たとえば、空気抵抗を無視できるほど質量が大きな球を使えば、同時に落ちることが実験でも確かめられる」

テトラ「はい。ピサの斜塔から質量の違う鉛の球を落としたら、同時に地上に落ちたというガリレオさんの実験ですよね」

僕「うん、そうだね。ガリレオはその実験を実際には行っていないらしいけれど、同時に落ちることは、運動の法則と万有引力の法則から導かれるし、実際にも確かめられている」

テトラ「高いところから、落とす。高いところから、落ちる。高いところから——あらら？ ちょっとお待ちください。距離はどうなるんでしょう」

僕「距離？」

テトラ「確か、万有引力の法則には《距離の 2 乗に反比例》という表現が出てきますよね？」

僕「うん、出てくるよ。万有引力の法則はこうだね」

3.2　万有引力の法則

万有引力の法則

二つの質点があり、質量は m と m' で、距離は r だけ離れているとします。このとき、二つの質点には互いに**引力**が働きます。その引力は、二点を結ぶ直線方向で引き合う向きを持ち、大きさは、

$$G\frac{mm'}{r^2}$$

です。すなわち、引力の大きさは質量の積に比例し、距離の2乗に反比例します。ここで G は**万有引力定数**と呼ばれる定数です[*2]。

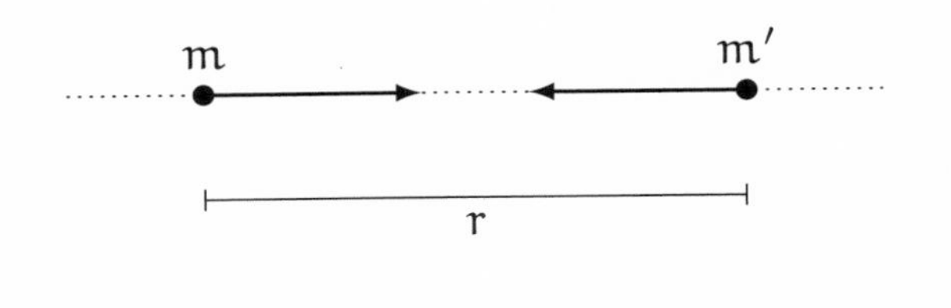

テトラ「『きょりの・にじょうに・はんぴれい♪』って、歌いたくなるリズムですよねっ！　あっと、それはともかく——」

僕「何か気になるところがあるの？」

[*2] 万有引力定数（重力定数）G は約 $6.67 \times 10^{-11}\,\mathrm{m}^3 \cdot \mathrm{kg}^{-1} \cdot \mathrm{s}^{-2} = 6.67 \times 10^{-11}\,\mathrm{N} \cdot \mathrm{m}^2/\mathrm{kg}^2$ です。

テトラ「先ほど《重力の大きさは質量に比例する》というお話がありました。けれど、万有引力の法則では引力の大きさは《距離の2乗に反比例する》わけです。ということは、ボールが落ちてくる途中で重力の大きさは変化しませんか？」

僕「うん、厳密には変化するよ。テトラちゃんの考えは正しいね。でも、いま考えているボールの高さは地球の半径に比べたらずっとずっと小さいから、その力の変化は無視できる」

テトラ「地球の半径？」

僕「そうだよ。さっきの万有引力の法則は、質量を持っているすべてのものが引き合っているという法則だけど、この法則をボールと地球に当てはめてみればよくわかる」

万有引力の法則をボールと地球に当てはめる

ボールの質量を m とし、地球の質量を M として、両方とも質点であると見なします。地球の半径を R とし、地上からのボールの高さが R に比べて無視できるほど小さいならば、ボールと地球の距離は R と見なすことができます。このとき万有引力の法則から、ボールと地球には大きさが

$$G\frac{mM}{R^2}$$

で、地球とボールの中心を結ぶ直線方向で引き合う向きを持つ引力が働きます。

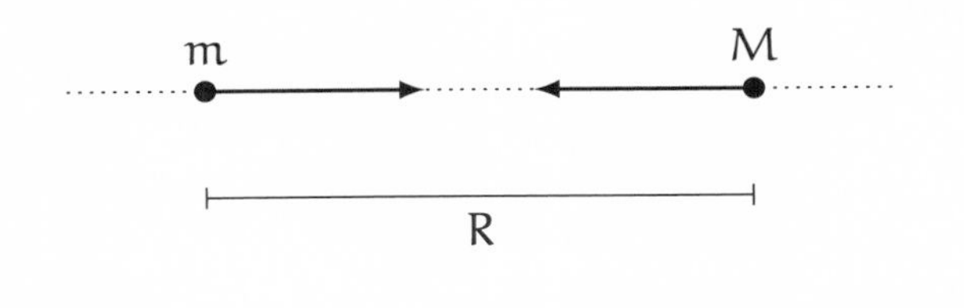

テトラ「これは、$m' = M, r = R$ と置き換えたのですね」

僕「そういうことだね。代入して、

$$G\frac{mm'}{r^2} = G\frac{mM}{R^2}$$

となった。地球を質点を見なすときには質量が地球の中心に集まったと考える[*3]。ということは、地球とボールの間の距離は、厳密には地球の半径 R にボールの高さを加えた長さに

*3 質量が地球の中心に集まったと考えてよい理由は参考文献 [16] を参照。

なる。でも R に比べたらボールの高さは無視できるんだ」

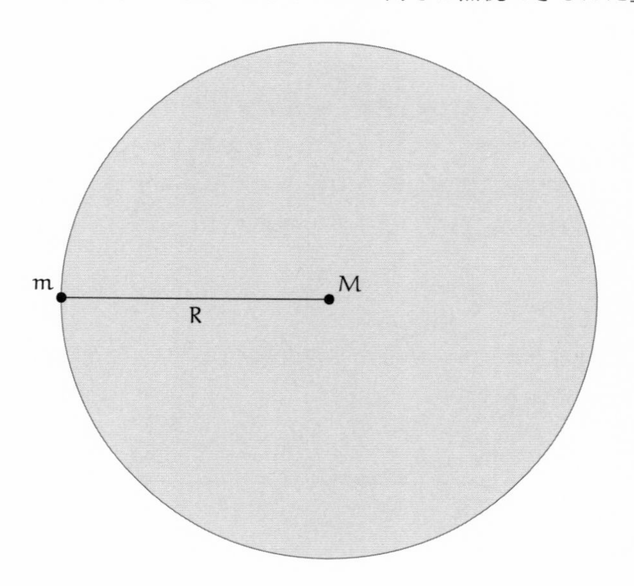

テトラ「地球の半径 R はどのくらいでしょう」

僕「たしか地球の周囲は約 40000 km だったから、それを $2\pi = 6.28\cdots$ で割ると半径が出る。6000 km 以上はあるね*4」

テトラ「6000 km 以上……」

僕「ボールを高さ 60 m から 0 m まで落としても、その違いはごくわずかになる。仮に半径が 6000 km としても、

$$\frac{60\,\mathrm{m}}{6000\,\mathrm{km}} = \frac{60\,\mathrm{m}}{6000000\,\mathrm{m}} = 0.00001 = 0.001\,\%$$

*4 地球の赤道半径は約 6378 km です。

のように 0.001 %しか違わない。だから、質量 m のボールに掛かる力の大きさは高さによらず、

$$G\frac{mM}{R^2} = m\underbrace{\frac{GM}{R^2}}_{=g}$$

と見なせるんだね。G は万有引力定数で、M は地球の質量、R は地球の半径だから、重力加速度 g は定数になる」

テトラ「視点が大きく移動するのがおもしろいですね……」

僕「視点が移動するって？」

テトラ「『ボールが落ちる』という表現は地上の視点ですけれど、『ボールと地球が引き合う』という表現は地上を離れた視点に移動したように感じました」

僕「なるほど、宇宙の視点だ」

テトラ「『ボールが落ちる』というと、自分の目の前しか見えてませんが、『ボールと地球が引き合う』というと、世界各国でボールを落としたときのことも見え始めます。どのボールも地球の中心に向かって『落ちる』わけで……す、ね？」

急に口ごもって、真剣な顔になるテトラちゃん。

僕「？」

テトラ「不思議です！ ボールの運動を調べるとき、x 成分と y 成分に分けてニュートンの運動方程式を立てましたけれど、あたしたちが決める座標軸の方向なんて、宇宙は知りませんよね？ 人間が決めた座標軸なのに、どうして計算がうまくい

くんでしょうか……」

3.3　人間が決めた座標軸

僕「テトラちゃんはすごいよ。僕が物理で質点の運動を勉強したとき、そんな疑問なんて思いつかなかったなあ……結論からいうと、x 軸と y 軸をどんな向きに定めても、成分ごとにニュートンの運動方程式が成り立つというのは、僕たちの宇宙の性質だね。この性質は実験で確かめられている」

テトラ「宇宙がそのような性質を持っているというのは、すごいことじゃありませんか？」

僕「すごいことだよ！　成分ごとにニュートンの運動方程式が成り立つから、ベクトルで考えてもかまわないといえる」

テトラ「べ、ベクトル！」

僕「ベクトルの和や差や実数倍は成分ごとに計算すればいいからだね。ユーリと計算したときは x 方向と y 方向に分けて二本のニュートンの運動方程式を立てた。

$$\begin{cases} F_x = ma_x \\ F_y = ma_y \end{cases}$$

でも、力と加速度を**ベクトル**で表すなら、二本のニュートンの運動方程式はたった一つの式で表せる。

$$\vec{F} = m\vec{a}$$

力についても、加速度についても、x 成分と y 成分は互いに影響を与えないから、独立に考えてかまわないんだ」

テトラ「あの……成分ごとの計算とベクトルとの関係について、あたしはまだはっきり理解していないようです」

僕「じゃあ、わかりやすいように成分から話すよ。x 成分と y 成分でニュートンの運動方程式を二つ作ると、

$$\begin{cases} F_x = ma_x \\ F_y = ma_y \end{cases}$$

と書ける。この二つの等式を、ベクトルに関する等式だと思って書き直すと、

$$\begin{pmatrix} F_x \\ F_y \end{pmatrix} = \begin{pmatrix} ma_x \\ ma_y \end{pmatrix}$$

となる。対応がわかりやすいように縦ベクトルで書いたけど、もちろん、

$$(F_x, F_y) = (ma_x, ma_y)$$

と書いても同じこと。ここまでは大丈夫？」

テトラ「は、はい。式を書き直しただけですから大丈夫です」

僕「m はカッコの外に出せる。ベクトルを m 倍したと考えるんだ。

$$\begin{pmatrix} F_x \\ F_y \end{pmatrix} = m\begin{pmatrix} a_x \\ a_y \end{pmatrix}$$

そしてここで、力のベクトルを $\vec{F}$ と書いて、加速度ベクトルを $\vec{a}$ と書くことにする。つまり、

$$\vec{F} = \begin{pmatrix} F_x \\ F_y \end{pmatrix}, \quad \vec{a} = \begin{pmatrix} a_x \\ a_y \end{pmatrix}$$

と定義すると、

$$\vec{F} = m\vec{a}$$

になる。これは要するにニュートンの運動方程式をベクトルで表した式になる。力と加速度の関係というのは、力のベクトルと加速度ベクトルの関係とみていいんだ」

テトラ「ベクトルですか……」

僕「加速度→速度→位置という積分も、ベクトルの積分だし」

テトラ「ベクトルの積分……！」

僕「いやいや、難しい話じゃないよ。単に成分ごとに積分したという話だから」

テトラ「……たとえば、力や加速度や速度ならベクトルと言われてもわかるんですが、位置もベクトルなんでしょうか」

僕「うん、そうだよ。原点 O から点 P に向けて引いた矢印を考えればわかるよね。ベクトル $\overrightarrow{OP}$ は点 P の《位置ベクトル》といえる」

テトラ「あっ、そういえば位置ベクトルというものがありました*5」

僕「位置ベクトルの差をとれば、《位置の変化》もベクトルで表せる。これが《変位ベクトル》だね」

---

*5　『数学ガールの秘密ノート／ベクトルの真実』参照。

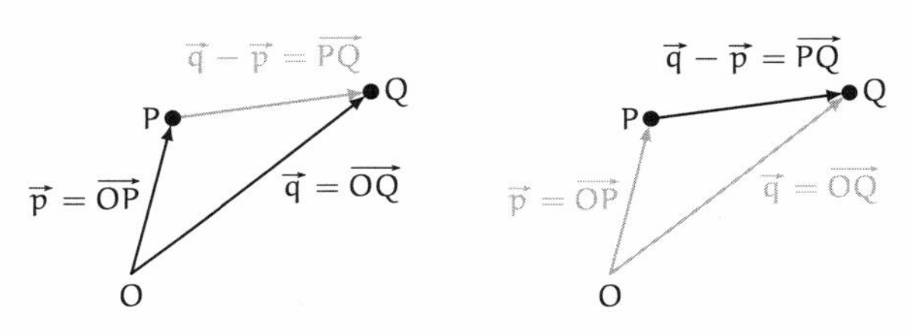

位置ベクトルと変位ベクトル

テトラ「なるほど……」

僕「変位ベクトルを掛かった時間で割って、その掛かった時間を小さくした極限を取れば《速度ベクトル》が得られる」

テトラ「各成分を計算してからベクトルにしたのと同じですね？」

僕「そうだね！ 同じように、速度ベクトルの差を取って掛かった時間で割って極限を取れば《加速度ベクトル》になる。ニュートンの運動方程式が表している運動の法則は、《力のベクトル》が《加速度ベクトル》の質量倍になるという法則といえる」

テトラ「……先輩、ちょっと変な話をしてもいいですか」

僕「変な話？」

テトラちゃんがノートをぱらぱらめくりながら小声で話すので、僕まで思わず小声になった。

3.4　積分

テトラ「物理のお話の中に、数学がどんどん現れてきます。ベクトルもそうですし、微分も積分も……」

僕「うん」

テトラ「加速度→速度→位置というのは積分ですよね」

僕「そうだね」

テトラ「その積分は——数学の積分と同じですよね？　たとえば、

$$x \quad \xrightarrow{x\text{ で積分}} \quad \frac{1}{2}x^2 + C$$

と同じですよね。C は積分定数です」

僕「もちろんだよ。加速度→速度→位置は時刻で積分しているけれど、それは数学の積分そのもの。だから n 乗の場合は、

$$x^n \quad \xrightarrow{x\text{ で積分}} \quad \frac{1}{n+1}x^{n+1} + C$$

となる」

テトラ「そうですよね……」

僕「数学ではよく x で積分するけれど、物理では時刻 t で積分することがよくあるね。文字が違うと式の印象が違うけれど、やっていることは同じだよ。《どの文字で積分しているか》がすごく大事になる」

テトラ「はい」

僕「たとえば定数 A を x で積分していくと……

$$
\begin{aligned}
&A \\
&Ax + B \quad (x\text{ で積分}) \\
&\frac{1}{2}Ax^2 + Bx + C \quad (x\text{ で積分})
\end{aligned}
$$

になる。同じように定数 A を t で積分すると……

$$
\begin{aligned}
&A \\
&At + B \quad (t\text{ で積分}) \\
&\frac{1}{2}At^2 + Bt + C \quad (t\text{ で積分})
\end{aligned}
$$

になる。文字が違うだけで式の形は同じ」

テトラ「この B や C も定数ですね？」

僕「ああ、ごめんごめん。そうだね。B や C は積分定数になる。微分すると定数は消えるから、積分すると逆に定数が現れることになる。それが積分定数。質点の運動では、積分定数の具体的な値は初期値で決まる」

テトラ「？」

僕「たとえば加速度 a が一定のとき時刻 t で積分していくと……

$$
\begin{aligned}
&a \\
&at + v_0 \quad (t\text{ で積分}) \\
&\frac{1}{2}at^2 + v_0t + y_0 \quad (t\text{ で積分})
\end{aligned}
$$

のように速度や位置を求められるけど、このときの初速度 v_0

や初期位置 y_0 は積分定数に相当する」

テトラ「ああ……確かに、積分定数というと C を想像しちゃいますが、ここでは初速度 v_0 や初期位置 y_0 が積分定数に相当しているんですね」

僕「物理ではよく v_0 や y_0 のように添字を使って特定の値を表現するね。初速度を決めないと《加速度が a のとき、時刻 t での速度は？》に答えられないし、初速度と初期位置を決めないと《加速度が a のとき、時刻 t での位置は？》に答えられない……ということで、物理の積分は数学の積分と同じだよ」

ここで、テトラちゃんはしばし沈黙。
彼女はいつも根気強く考えるけれど、今日は格別だな……

テトラ「力がわかっていたら、ニュートンの運動方程式から加速度がわかる。加速度がわかれば、速度も位置も積分でわかる——積分を使って数学的に導けるってすごいお話ですよね」

僕「そうだね」

テトラ「でも、物理学と数学の境目はどこなんでしょうか……」

僕「え？」

3.5 物理学と数学の境目

テトラ「ニュートンの運動方程式から積分を使ってボールの位置を求められますが、それは、どこまでが物理学でどこからが数学なんでしょうか」

僕「ええと……」

テトラ「ボールが飛ぶ様子を考えるのは物理学のお話ですよね。でも、いつのまにか積分という数学のお話になっていました。あたしには、その境目がよくわからないんです」

僕「なるほどね。物理学から数学に変わる境目……」

テトラ「はい。あたしは、積分を使えばうまく求められるというのがまだ納得できていないみたいです。だって、ボールの運動ってこの世の話じゃないですか」

僕「この世 !? 」

テトラ「この世といいますか、あたしたちが住んでいるこの宇宙の話ですよね。でも数学は、この宇宙に縛られたりしないと思っていたんです。それなのにどうしてこの宇宙のことが、数学の積分を使って調べられるんでしょう」

僕「鍵はやはりニュートンの運動方程式にあるんだと思うよ」

テトラ「はい？」

僕「ニュートンの運動方程式は、《物理学的な現象》を《数学的な表現》で表したものなんだと思う。数学的な表現というのは数式だね」

テトラ「はい……はい！」

僕「《物理学の世界》と《数学の世界》という《二つの世界》があって、物理学的な現象を数式で表すというのは、《物理学の世界》から《数学の世界》に橋を架けることなんだ」

テトラ「橋を架ける……」

僕「いったん、数式という橋を渡って《数学の世界》に移ることができたなら、《数学の世界》の式変形や、さまざまな概念の助けを借りることができる。そして最後に橋を戻ってくれば、《数学の世界》で得られた結果を《物理学の世界》に持ち帰ることができる！　《数学の世界》では、数学者が数学的対象を研究して整備している。関数、ベクトル、微分、積分……そしてその数学的対象を使ってどんな計算ができるか、論理的に何が導けるかも研究している」

テトラ「ニュートンの運動方程式が橋なんですね」

僕「そうだね。ニュートンの運動方程式は《力》と《加速度》の関係をベクトルと微分を使って表している。《物理学の世界》と《数学の世界》を結びつけている重要な橋の一つなんだと思うよ。そして論理的に導き計算した結果を《物理学の世界》に持ち帰るんだ」

テトラ「はい……よくわかります。あたしたちはいままで、いろんな《二つの世界》を行き来してきましたから」

僕「うんうん。それで——テトラちゃんは納得できたのかなあ？」

テトラ「はい、納得です。誤解していたところがよくわかりました。あたしは、式変形のどこかで物理学から数学に移るんだと思っていたんです。でも、式変形の途中で数学に切り替わるのではなくて、ニュートンの運動方程式そのものが《橋》なのですね」

僕「うん、僕はそう思うよ」

テトラ「運動の法則をニュートンの運動方程式で——ベクトルと微分で——表したこと自体がものすごいのだと理解しました。だって、ベクトルが持っている性質や、微分が持っている性質を使ってかまわないと主張しているんですからっ！」

僕「そうだね。成分ごとに積分することができる」

テトラ「ですねっ！　数学が宇宙に縛られているわけではなくて、数学を使って宇宙のことを表現したんですねっ！」

僕「そういうことだね。まさに《数学は言葉》だ。ニュートンの運動方程式は時代を越えて僕たちに届けられたメッセージといえる」

テトラ「はい。でも、それだけじゃありませんっ！　ニュートンさんは運動方程式を発見したかもしれませんが、もとをたどれば、自然界からのメッセージですよねっ！　そして——」

僕「……」

テトラちゃんは頬を紅潮させて力説する。

テトラ「自然界が直接数式を話すわけじゃありませんが、ニュートンの運動方程式のようなシンプルな数式で表現できる法則が、この宇宙にあるなんて、そのことがものすごい驚きです」

僕「うん……」

テトラ「ボールの位置を表そうとすると、重力加速度を g として、

$$-\frac{1}{2}gt^2 + v_0t + y_0$$

のような式が出てきます。こういう式を見ると、あたしは……

どうしても、『難しそう』って思っちゃうんです。でも、この式には、あたしたちの宇宙が持っているたくさんの性質がぎっしり詰まっているわけですよねっ？」

僕「うんうん！」

テトラ「重力加速度が一定であることや、力と加速度が比例することや、加速度を時刻で積分すれば速度が得られて、速度を時刻で積分すれば位置が得られる――そういうことすべてが、この一つの数式に込められています。そう考えると、難しそうと感じる数式も、いとおしく思えてきます……」

テトラちゃんはそう言って、両手を胸の前で握りしめる。

僕「……」

テトラ「宇宙って、すごいですね！」

僕「……うん。テトラちゃんもすごいよ！」

3.6　位置を得るだけではなく

テトラ「それにしても物理学では、数学がたくさん使われるんですね。そういえば、公式もたくさん出てくるとか」

僕「参考書にはたくさん公式が出てくるけど、質点の加速度、速度、位置は、万有引力の法則とニュートンの運動方程式と積分から得られる。違いは最初の位置と初速度、それから座標軸をどう選ぶかだけなんだ」

テトラ「はい」

僕「たとえば、重力加速度を g とすると、位置を得る関数は

$$y(t) = -\frac{1}{2}gt^2 + v_0t + y_0 \qquad \cdots\cdots \spadesuit$$

になるけど、これ一つで、いろんな投げ方に対応している。たとえば、地上の高さを 0 として鉛直方向上向きに<u>投げ上げ</u>したとき、時刻 t での高さは、

$$-\frac{1}{2}gt^2 + v_0t$$

になる。これは ♠ の式で $y_0 = 0$ にすればいい」

テトラ「"投げ上げ" だから $v_0 > 0$ ですね」

僕「ああ、そうだね。それからまた、たとえば、そうだなあ……<u>自由落下</u>で時刻 t までに落ちる距離を求めたかったら、♠ の式で $v_0 = 0$ と $y_0 = 0$ にして、絶対値 $|y(t)|$ を計算すればいい。つまり、

$$\frac{1}{2}gt^2$$

になるわけだ」

テトラ「"自由落下" は条件 $v_0 = 0$ に込められているわけですね」

僕「そうそう。投げ上げの公式、自由落下の公式、投げ下ろしの公式——なんて分ける必要はなくて、単に、$v_0 > 0$ なら投げ上げ、$v_0 = 0$ なら自由落下、$v_0 < 0$ なら投げ下ろしというだけのこと」

テトラ「はい。v_0 と y_0 を具体的に定めることでいろんな投げ方が表せる——と理解しました。あっと、それから正の向きを決めることも大事ですね。あたし、いかにも間違えそうです」

僕「大事だね」

テトラ「でも、先輩？　公式は導けるとしても、覚えていないと速く解けないんじゃありませんか？　積分を毎回計算することになります」

僕「でも、結果的に出てくる式はこれだけだよ」

♣重力だけが掛かっている質点の鉛直方向の運動

重力だけが掛かっている質点について、時刻 t の加速度、速度、位置の鉛直方向の成分は、鉛直方向上向きを正の向きとし、重力加速度を g としたとき、次のようになります。

$$\begin{cases} \text{加速度}\ a(t) = -g \\ \text{速度}\ v(t) = -gt + v_0 \\ \text{位置}\ y(t) = -\frac{1}{2}gt^2 + v_0t + y_0 \end{cases}$$

ここで、v_0 と y_0 はそれぞれ時刻 0 での速度と位置です。

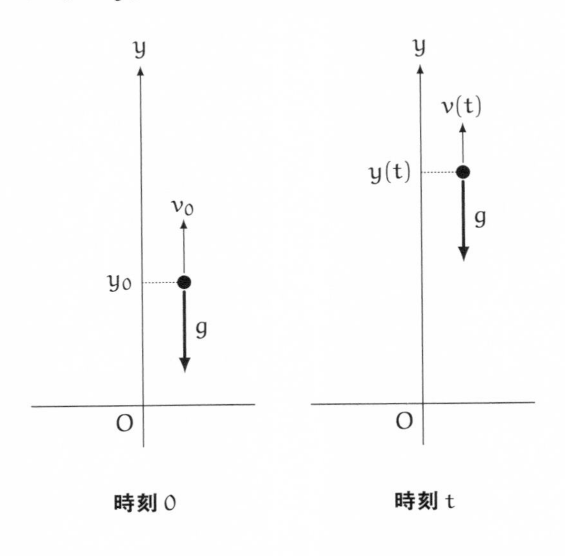

テトラ「確かにそうですが……」

僕「何度も積分計算しているうちに覚えちゃうよね。覚えるというか、瞬間的に積分するというか……間違ってないかどうかは微分して戻るかどうか調べればいいし」

テトラ「結局のところ質点の運動は、ある時刻の位置を求めるのが目標なんですね」

僕「位置は大事だけど、逆に考えることもできるよ」

テトラ「逆……といいますと？」

僕「『この時刻に質点はどこにあるか』だけじゃなくて『質点がここにあるのはいつか』にも答えられるという意味。位置が《時刻の関数》になっているのが大事なんだと思うな」

テトラ「あまりピンと来てないようです……あたし」

僕「じゃあ、具体的な問題で考えてみようか」

3.7 投げたボールが戻ってくる時刻

問題 3-1（鉛直投げ上げ）
ボールを地面から鉛直方向上向きに時刻 0 で投げ上げたとき、地面に戻ってくる時刻 t_{return} を求めてください。ただし初速度は v_0 で、重力加速度は g とします。

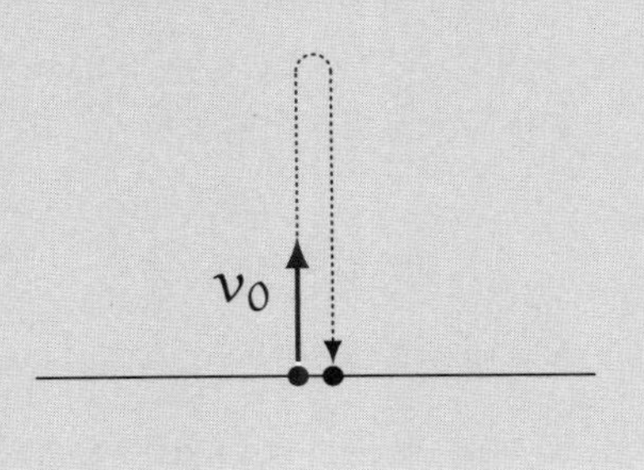

テトラ「ボールを投げて戻ってくる時刻を求める……なるほど。先ほどおっしゃっていた『質点がここにあるのはいつか』という意味がわかりました。時刻を求める場合もあるのですね」

僕「解けそう？」

テトラ「はい、解けると思います。時刻 t のボールの位置は、

$$y(t) = -\frac{1}{2}gt^2 + v_0t + y_0$$

です[*6]。いまは鉛直方向上向きを正の向きとしています。地

*6 「♣重力だけが掛かっている質点の鉛直方向の運動」（p. 133）参照。

面の位置を $y_0 = 0$ と決めると、$y(t)$ は

$$y(t) = -\frac{1}{2}gt^2 + v_0 t$$

でいいですよね。ですから、地上に戻ってきたときの時刻 t_{return} は、この位置が0に等しくなる時刻ということです。要するに、

$$y(t) = 0$$

になる t が t_{return} です。それは、

$$-\frac{1}{2}gt^2 + v_0 t = 0$$

という t に関する二次方程式を解くってことです！ t をくくりだして、

$$t(-\frac{1}{2}gt + v_0) = 0$$

と因数分解できますから、

$$t = 0 \quad \text{または} \quad -\frac{1}{2}gt + v_0 = 0$$

となって、

$$t = 0 \quad \text{または} \quad t = \frac{2v_0}{g}$$

になります……が？」

僕「うん、合ってるよ」

テトラ「でもこれだと、$t = 0$ と $t = \frac{2v_0}{g}$ の二つが解になってしまいますが……ああ、$t = 0$ というのは投げる瞬間で、そのときもボールの位置は0です」

僕「うんうん、だから二つの解が出たのはちゃんとつじつまが

合ってるんだね。“戻ってくる”は $t > 0$ という条件になる」

テトラ「はい、戻ってくる時刻は $t_{\text{return}} = \frac{2v_0}{g}$ となります」

解答 3-1（鉛直投げ上げ）
ボールを鉛直上向きに地面から初速度 v_0 で投げ上げたとき、地面に戻ってくる時刻 t_{return} は、

$$t_{\text{return}} = \frac{2v_0}{g}$$

となります。

僕「正解！」

テトラ「位置が時刻の二次関数で表されているので《時刻を求めること》は《二次方程式を解くこと》につながっています！」

3.8 投げたボールが戻ってきたときの速度

僕「解答 3-1 で、戻ってきたときの質点の速度もわかるよ」

テトラ「そうですね。時刻 t の速度は、

$$v(t) = -gt + v_0$$

ですから[*7]、解答 3-1 で求めた $t_{\text{return}} = \frac{2v_0}{g}$ を代入します。

*7 「♣重力だけが掛かっている質点の鉛直方向の運動」（p. 133）参照。

$$
\begin{aligned}
v(t_{\mathrm{return}}) &= -gt_{\mathrm{return}} + v_0 \\
&= -g\frac{2v_0}{g} + v_0 \\
&= -2v_0 + v_0 \\
&= -v_0
\end{aligned}
$$

これで、

$$v(t_{\mathrm{return}}) = -v_0$$

になります……なるほど、戻ってきたときの速度は、初速度と逆向きで同じ大きさということですね？」

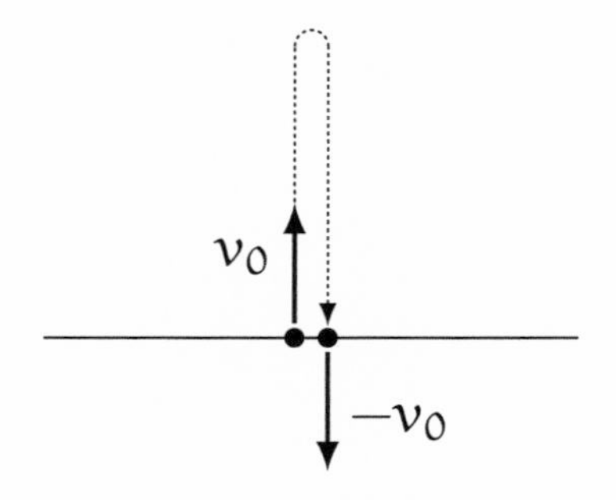

僕「そうだね。$v(t_{\mathrm{return}}) = -v_0$ という式の物理的な意味を考えるとそうなる。これで、地面に戻ってきたときの速度は、投げたときと等しい大きさであることが示せたんだ」

テトラ「おもしろいですねえ。特定の位置に来る時刻がわかれば、その時刻を使って速度がわかる。これは、いわば未来予測なんですね！」

僕「未来予測——ああ、そうだね」

テトラ「投げた瞬間に初速度 v_0 は決まります。そしてその瞬間に、未来のこと——つまり、時刻が t_{return} になったときにボールが戻ってくることや、そのときの速度がわかります」

僕「しかもちゃんと、

$$t_{\mathrm{return}} = \frac{2v_0}{g} > 0$$

で、確かに未来のことだ」

テトラ「《時刻の関数》になっているのが大事という意味が少しつかめたかもしれません。何かが起きる時刻がわかれば、そのときの位置や速度もわかる」

僕「解答 3-1 でボールが戻ってきたとき——つまり位置が同じになったときには、速度の大きさも同じになっている……つまり対称性があるってことだね」

テトラ「戻ってきたボールの速さは、投げたときの速さに等しい——というのは《物理学的》な現象ですけれど、その現象は万有引力の法則と運動の法則から《数学的》に導けたわけですよね？ 新たな“法則”は出てきませんから」

僕「うん！ その通り」

テトラ「万有引力の法則と運動の法則だけで、他にもいろんなことがわかりそうな……」

3.9　投げたボールはどこまで高く上がるか

僕「たとえば、投げたボールがどこまで高く上がるかもわかるよ」

問題 3-2（どこまで高く上がるか）
ボールを地面から鉛直方向上向きに投げ上げたとき、最も高く上がる位置 y_{max} を求めてください。ただし初速度は v_0 で、重力加速度は g とします。

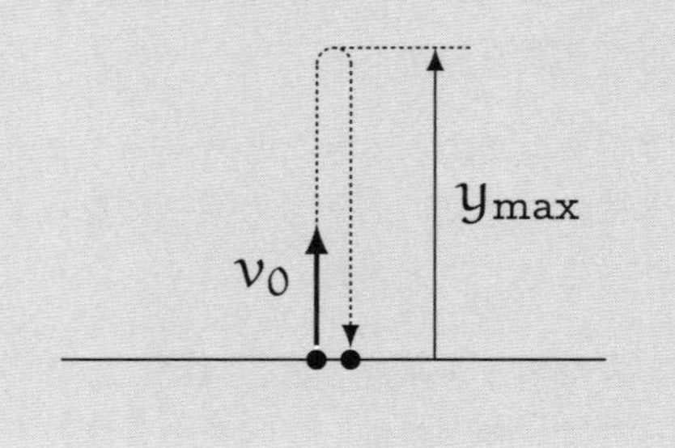

テトラ「なるほど、高さの最大値を求めればいいんですね！」

僕「そうそう。位置を表す関数 $y(t)$ の最大値を求めることになる」

♣重力だけが掛かっている質点の鉛直方向の運動（再掲）

重力だけが掛かっている質点について、時刻 t の加速度、速度、位置の鉛直方向の成分は、鉛直方向上向きを正の向きとし、重力加速度を g としたとき、次のようになります。

$$
\begin{cases}
\text{加速度}\ a(t) = -g \\
\text{速度}\ v(t) = -gt + v_0 \\
\text{位置}\ y(t) = -\frac{1}{2}gt^2 + v_0 t + y_0
\end{cases}
$$

ここで、v_0 と y_0 はそれぞれ時刻 0 での速度と位置です。

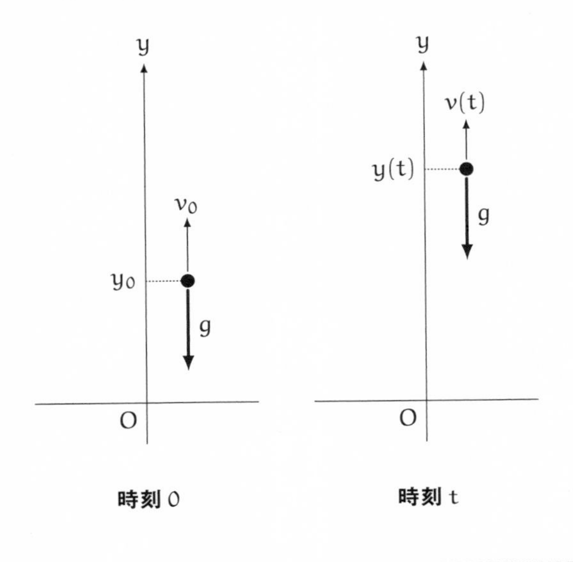

テトラ「《投げたボールがどこまで高く上がるか》という問題は、《二次関数 $y(t)$ の最大値は何か》という問題になります……

ああ、本当に本当に《物理学の世界》と《数学の世界》が、全部つながるんですねえ！　《投げ上げたボールがどこまで高く上がるか》という物理学的なお話が、《二次関数 $y(t)$ の最大値は何か》という数学的なお話にきれいに移されるわけですから」

僕「うん、そうだね。最大値を求めるために……」

テトラ「あっ、あたしがやりますっ！　**平方完成**するんですよね？」

$$
\begin{aligned}
y(t) &= -\frac{1}{2}gt^2 + v_0t + y_0 && \text{p. 141 の ♣ から} \\
&= -\frac{1}{2}gt^2 + v_0t && y_0 = 0 \text{ とした} \\
&= -\frac{g}{2}\left(t^2 - \frac{2v_0}{g}t\right) && -\frac{g}{2} \text{ でくくった} \\
&= -\frac{g}{2}\left(t^2 - \frac{2v_0}{g}t + \left(\frac{v_0}{g}\right)^2 - \left(\frac{v_0}{g}\right)^2\right) && \text{平方完成の準備} \\
&= -\frac{g}{2}\left(t^2 - \frac{2v_0}{g}t + \left(\frac{v_0}{g}\right)^2 - \left(\frac{v_0}{g}\right)^2\right) && \text{ここが 2 乗の形になる} \\
&= -\frac{g}{2}\left(\left(t - \frac{v_0}{g}\right)^2 - \left(\frac{v_0}{g}\right)^2\right) && \text{平方完成} \\
&= -\frac{g}{2}\left(t - \frac{v_0}{g}\right)^2 + \frac{g}{2}\left(\frac{v_0}{g}\right)^2 && \text{外のカッコを外した} \\
&= -\frac{g}{2}\left(t - \frac{v_0}{g}\right)^2 + \frac{v_0^2}{2g} && \text{計算した}
\end{aligned}
$$

僕「できたね」

テトラ「これで合ってますよね？　時刻 t が変化して……

$$y(t) = -\frac{g}{2}\left(t - \frac{v_0}{g}\right)^2 + \frac{v_0^2}{2g}$$

……このカッコの中が 0 になるとき、$y(t)$ が最大になります。ですから、

$$y(t) \text{ は、} t - \frac{v_0}{g} = 0 \text{ のとき最大値 } \frac{v_0^2}{2g} \text{ を取る}$$

ことになると思います！」

僕「うん、それで正しいよ。ボールは最大値 $\frac{v_0^2}{2g}$ まで上がる」

解答 3-2

$$y_{max} = \frac{v_0^2}{2g}$$

テトラ「できました！」

僕「そして確かに、

$$0 < \frac{v_0}{g} < \frac{2v_0}{g}$$

になっているよ」

テトラ「この不等式は……何でしょう？」

僕「カッコの中が 0 になるとき、$y(t)$ が最大になるってことは、そのときの時刻を t_{max} とすれば、

$$t_{\mathrm{max}} = \frac{v_0}{g}$$

だよね。不等式、

$$0 < t_{\mathrm{max}} < t_{\mathrm{return}}$$

がちゃんと成り立っているなあと思ったんだ」

テトラ「ああ！　これはボールが戻ってくるまでの間に、最大値を取るという意味ですね！」

僕「そうそう」

テトラ「なるほど、式を読むわけですか——これもいえます。

$$\frac{v_0}{g} = \frac{1}{2} \times \frac{2v_0}{g}$$

つまり、

$$t_{\mathrm{max}} = \frac{1}{2} \times t_{\mathrm{return}}$$

ですから、最大値を取る時刻は、戻ってくる時刻のちょうど半分——ここにも対称性があります！」

僕「いいね！」

テトラ「式を読むといろんなことがわかるんですね」

テトラちゃんは満足げに深く頷（うなず）いた。

僕「最大の高さを求めるのに、速度を使う方法もあるよ」

テトラ「高さを求めるのに、速度を使う？」

3.10 速度を使って最大値を求める

僕「問題 3-2 の別解ができるんだ。時刻 t の速度は、

$$v(t) = -gt + v_0$$

になることがわかっている[*8]。ところで、ボールが最も高く上がった瞬間、速度は 0 になるから、$v(t) = 0$ を満たす t を求めればいい。だから、

$$-gt + v_0 = 0$$

を t について解いて、

$$t = \frac{v_0}{g}$$

になる。これで、

$$t_{max} = \frac{v_0}{g}$$

が得られた」

テトラ「あっ、これならすぐに t_{max} が出ますね……」

僕「これはもちろん、テトラちゃんが平方完成で求めた値と同じになってるね。このときの高さ y_{max} は、

$$y_{max} = y(t_{max})$$

として得られることになる。あとは計算すればいい」

---

*8 「♣重力だけが掛かっている質点の鉛直方向の運動」（p. 141）参照。

$$
\begin{aligned}
y(t) &= -\tfrac{1}{2}gt^2 + v_0 t && \text{p. 141 の ♣ から} \\
y(t_{\mathrm{max}}) &= -\tfrac{1}{2}gt_{\mathrm{max}}^2 + v_0 t_{\mathrm{max}} && t = t_{\mathrm{max}} \text{ を代入} \\
&= -\frac{g}{2}\left(\frac{v_0}{g}\right)^2 + v_0\left(\frac{v_0}{g}\right) && t_{\mathrm{max}} = \tfrac{v_0}{g} \text{ を代入した} \\
&= -\frac{v_0^2}{2g} + \frac{v_0^2}{g} && \text{カッコを外した} \\
&= \frac{v_0^2}{2g} && \text{計算した}
\end{aligned}
$$

テトラ「確かに、さっきの計算と同じ値になりました（p. 143）」

僕「$y(t)$ を平方完成するのでも、$v(t) = 0$ になる t を $y(t)$ に代入するのでも、どちらの方法でも正しいよ。せっかく $y(t)$ を t で微分した $v(t)$ があるんだから、それを利用するのが楽といえば楽だけど」

テトラ「別解では《物理学の世界》の助けを借りていますね？」

僕「？」

テトラ「“最も高く上がったときは速度が 0 である” ということを利用しているからです」

僕「なるほど！　確かにそうだなあ……」

テトラ「そこでもつながっているんですね……《高さの最大値を求めるために速度の大きさが 0 になる時刻をまず求める》という考え方と、《二次関数の最大値を求めるために微分した値が 0 になる t をまず求める》という考え方のことです」

僕「うん、そうだね。僕たちが質点の運動を知りたいというとき、位置と速度と加速度に関心があるわけだ。位置と速度と加速度が得られると、質点の運動はよくわかる。それは、関数を知りたいときに、微分して得られる導関数を調べるのと同じ」

テトラ「あの、あのですね……位置や速度を求めるということを、あたしは数や量を扱っていると思っていました」

僕「うん？」

テトラ「でも、それはそうなんですが、むしろ関数を扱っているような気がしてきました」

テトラちゃんは、何か長いものをつかむ仕草をしながら言った。

僕「うん、うん……そうだね！ だって、微分や積分というのは、まさにそういうものだから！ 速度や加速度を考えている時点で、僕たちは関数について考えているといえる」

テトラ「はい、そうですね。位置や速度が時刻の関数なので、t_{return} や t_{max} のように時刻がわかれば、何でもわかってしまいますっ！」

僕「ところで、時刻を経由しないで位置や速度を求めるまったく別の方法もあるんだ」

テトラ「時刻を経由しない方法……位置も速度も時刻の関数なのに、時刻を経由せずに求めるんですか？」

僕「うん、**エネルギー**を考えるんだよ」

テトラ「エネルギー？」

引力の法則とは何か？
それは，宇宙にあるあらゆるものは
他のあらゆるものに引力を及ぼしているというのであって，
二つのものの間の引力の大きさは，おのおのの質量に比例し，
その距離の自乗に反比例するというのである．*9

*9 『ファインマン物理学 I 力学』 [20] より。

付録：次元解析

物理量の種類を表す**次元**（じげん）という概念があります。

面積は長さの 2 乗で得られ、体積は長さの 3 乗で得られます。このことを、L という文字で長さ（Length）を表して次のように表現します。

$$[\text{面積}] = [\mathrm{L}^2]$$

$$[\text{体積}] = [\mathrm{L}^3]$$

速度は長さを時間で割って得られ、加速度は速度を時間で割って得られます。このことを、T という文字で時間（Time）を表して次のように表現します。

$$[\text{速度}] = [\mathrm{LT}^{-1}]$$

$$[\text{加速度}] = [\mathrm{LT}^{-2}]$$

ニュートンの運動方程式から、力は [質量 × 加速度] の次元を持ちますので、M という文字で質量（Mass）を表して、

$$[\text{力}] = [\mathrm{MLT}^{-2}]$$

となります。

物理量を扱う等式で、両辺の次元が異なることはありません。たとえば、次の等式は無意味です。

$$\underbrace{1\,\mathrm{kg}}_{[\mathrm{M}]} = \underbrace{2\,\mathrm{m}}_{[\mathrm{L}]} \qquad \text{（無意味）}$$

また、次元が異なる物理量の和や差を求めたりすることはありません。たとえば、次の和は無意味です。

$$\underbrace{1\,\mathrm{m/s^2}}_{[\mathrm{LT^{-2}}]} + \underbrace{2\,\mathrm{m/s}}_{[\mathrm{LT^{-1}}]} \qquad \text{（無意味）}$$

単位が異なっていても同じ物理量を表している場合には、次元は等しくなります。ですから、次の和は無意味ではありません。

$$\underbrace{1\,\mathrm{km}}_{[\mathrm{L}]} + \underbrace{500\,\mathrm{m}}_{[\mathrm{L}]} \qquad \text{（無意味ではない）}$$

次元を使って計算の誤りをチェックしたり、物理量同士の関係を解析したりできます。これを**次元解析**といいます。

第3章の問題

●問題 3-1（万有引力の法則）
ある星の中心から距離 r だけ離れた位置にロケットがあります。星からロケットに働く万有引力の大きさを現在の $\frac{1}{2}$ にしたいとき、ロケットは星の中心からどれだけ離れていればいいですか。

（解答は p. 315）

●問題 3-2（万有引力の大きさ）
2 m 離れて立っている二人の人がいます。二人の質量はどちらも 50 kg です。このとき、片方が他方から働く万有引力の大きさが何 N であるかを求めましょう。ただし、万有引力定数 G は 6.67×10^{-11} N · m^2/kg^2 とします。得られた結果は有効数字 2 桁で 9.9×10^n N の形式で答えてください。

（解答は p. 316）

第4章

力学的エネルギー保存則

“不変なものには名前を付ける価値がある。”

4.1　力学的エネルギー保存則

僕「地面から真上に——つまり鉛直方向上向きにボールを投げる。そのボールが地面まで戻ってきたときの速度は、投げたときの初速度とは逆向きで同じ大きさになる。このことはさっき確かめたよね？」

テトラ「はい、確かめました。ボールの位置が 0 になる時刻を求めて、その時刻での速度を計算しました。位置も速度も時刻の関数になっていますから[*1]」

僕「その方法は正しいけれど、**力学的エネルギー保存則**を使えば、ずっと簡単に確かめることができるんだ」

テトラ「力学的エネルギー 保存の法則 なら中学校で習いました。力学的エネルギー 保存則 はそれと同じですよね？」

僕「うん、呼び名はいろいろあるけど、同じだよ」

---

*1 第3章 p. 138 参照。

テトラ「確か……和が一定になる法則です」

僕「運動エネルギーと位置エネルギーの和が一定になる法則だね。用語がいくつか出てくるから、一つずつ順番に話すよ。まずは運動エネルギーから」

4.2　運動エネルギー

運動エネルギー

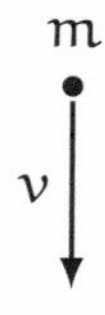

質量 m の質点が速度 v で動いているとします。このとき、

$$\frac{1}{2}mv^2$$

を質点の**運動エネルギー**といいます。

テトラ「運動エネルギーをこの式 $\frac{1}{2}mv^2$ で定義したのですね」

僕「そうだね。ここで式を読む。運動エネルギーの式 $\frac{1}{2}mv^2$ に速度 v が含まれているのを確かめると、運動エネルギーという名前が付いている気持ちもわかるよ。速度 v が大きければ——つまり、すばやく運動していれば——運動エネルギーも大きいということだね」

テトラ「はい。この式 $\frac{1}{2}mv^2$ から読み取れます」

僕「運動エネルギーは必ず0以上の値になることもわかるよね」

テトラ「え？　ああ、そうですね。$\frac{1}{2}mv^2$ では v が2乗になっていますから。たとえ v がマイナスでも2乗したらプラスになります」

僕「うん。速度の向きは運動エネルギーには無関係なんだ」

テトラ「無関係？」

僕「そう。質点がどんな向きに動いていても、速度の大きさが変わらなければ運動エネルギーも変わらない」

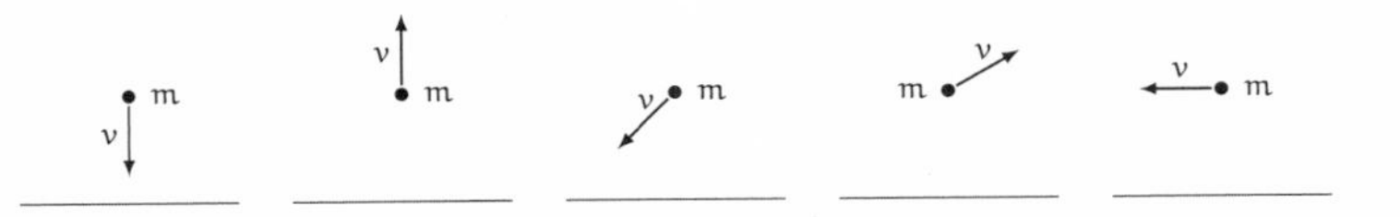

テトラ「わかりました」

僕「質点の運動エネルギーは速度で決まる。次に、質点の位置エネルギーの話をしよう。こっちは質点の位置で決まるんだ」

テトラ「位置で決まる……」

4.3　位置エネルギー

重力による位置エネルギー

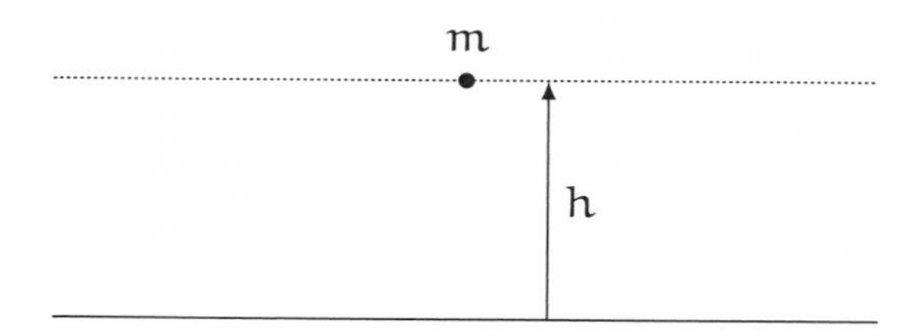

質量 m の質点が高さ h の位置にあるとき、

$$mgh$$

を重力による質点の**位置エネルギー**といいます。ここで g は重力加速度です。

僕「これが重力による位置エネルギーだよ」

テトラ「式を読みますっ！……位置エネルギーの式 mgh には速度 v は含まれていません。高さ h が含まれています。高さというのは位置のことですよね？」

僕「そうだね。いまは重力による位置エネルギーを考えているから、鉛直方向上向きを正の向きとした位置を高さと呼んでいるんだ。だから、質点が高ければ高いほど、位置エネルギーは大きくなる」

テトラ「質点が地面にあったら位置エネルギーは0ですね？」

僕「うん。地面の高さを0と決めたら $h=0$ だから $mgh=0$ になるよ。そして、地面の高さよりも質点が低くなると $h<0$ だから $mgh<0$ になる。このとき位置エネルギーは負、つまり0よりも小さくなっている。ここは運動エネルギーと違う点だね」

テトラ「ああ、そうですね。運動エネルギーは必ず0以上でしたから。ところで、位置エネルギーが負になるというのは地面に掘った穴に落ちるような状況でしょうか」

僕「たとえばそうだね。あるいは、崖の高さを0と決めたとしたら、崖の下に質点があるときも位置エネルギーは負になる」

テトラ「えっ！ 崖の高さを0にしてもいいんでしょうか……」

僕「いいよ。原点をどこにとるかと同じことだから」

テトラ「そうなんですね」

僕「重要なのは、位置エネルギーが**位置だけで決まる**こと」

テトラ「はい。式 mgh を読めば速度 v は無関係だとわかります」

僕「位置だけで決まるというのは、速度と無関係というだけじゃないよ。投げ上げたからその高さにあるのか。落ちてくる途中でその高さにあるのか。あるいはその高さにずっと止まっているのか。そういう、質点のこれまでの運動がどうだったかとは無関係。質点の位置エネルギーは位置だけで決まる」

テトラ「なるほど」

僕「質量 m が一定だとすると、運動エネルギー $\frac{1}{2}mv^2$ は速度 v だけで決まるし、位置エネルギー mgh は高さ、つまり位置 h だけで決まる」

テトラ「はい、大丈夫です」

4.4 力学的エネルギー

僕「さあこれで、力学的エネルギー保存則にたどり着いた」

力学的エネルギー保存則（重力だけが掛かっている場合）

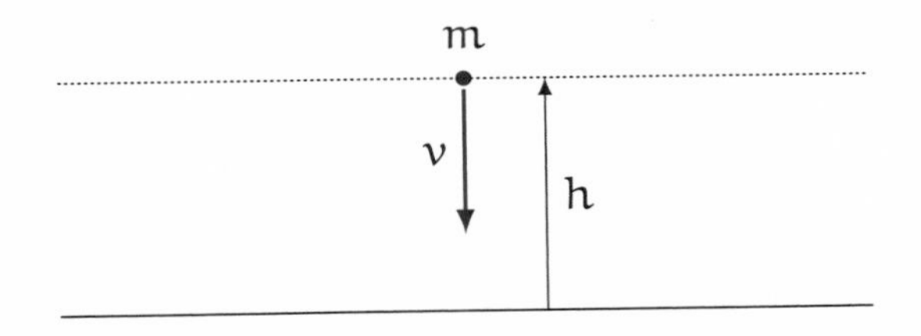

運動エネルギーと位置エネルギーの和を**力学的エネルギー**といいます。質点に重力だけが掛かっている場合、質量 m の質点の速度を v とし、高さを h とすると、

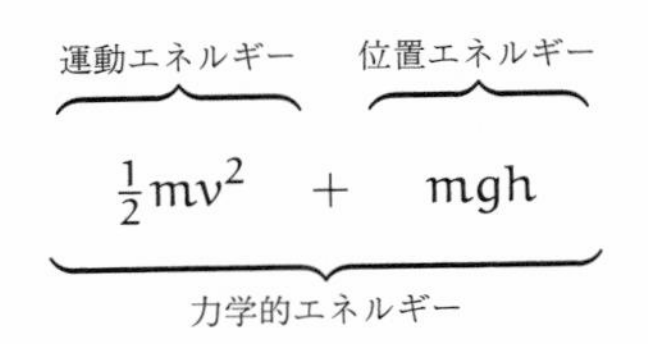

$$\frac{1}{2}mv^2 + mgh$$

で表される力学的エネルギーは一定になります。このことを、**力学的エネルギー保存則**といいます。ここで g は重力加速度です。

テトラ「力学的エネルギーを運動エネルギーと位置エネルギーの和として定義します。

力学的エネルギー ＝ 運動エネルギー ＋ 位置エネルギー

そして、その力学的エネルギーは一定になる……ですね？」

僕「そうだね。運動している質点の速度 v や高さ h はそれぞれ変化する。でも、運動エネルギーと位置エネルギーの和、

$$\frac{1}{2}mv^2 + mgh$$

という式の値は変化しない。つまり、力学的エネルギーは一定といえる——それが力学的エネルギー保存則だね。空気抵抗などの力があると成り立たなくなるけど、質点に掛かる力が重力だけのときには力学的エネルギー保存則が成り立つ。たとえばこんなふうに投げたボールが飛んでいくときもずっと $\frac{1}{2}mv^2 + mgh$ の値は一定なんだ」

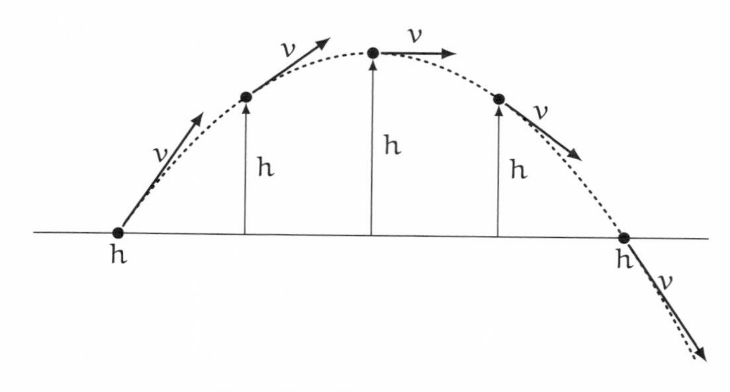

重力だけが掛かっているとき、
力学的エネルギー $\frac{1}{2}mv^2 + mgh$ は一定

テトラ「ここでいう《保存》は《一定》と同じ意味ですか？」

僕「そうだよ。時刻が変化しても、同じ値が保たれるという意味で《保存》という言い方をしている。力学的エネルギー保存則は、力学的エネルギーとして定義された物理量が、ずっと保たれる法則といえるね」

テトラ「力学的エネルギーがずっと保たれる……」

僕「うん。力学的エネルギー保存則は速度vと高さhの関係を表している。この法則があるからvとhは勝手気ままな値を取ることができなくて、片方が決まればもう片方が決まる」

テトラ「ははあ……」

僕「僕たちは『いつ、どんな速度になるか』や『いつ、どの位置にあるか』をニュートンの運動方程式から積分して計算してきたよね」

テトラ「そうですね。時刻を求めることは重要でした」

僕「でも、力学的エネルギー保存則を使うと、時刻つまり『いつ』を求めなくても位置から速度を求めたり、速度から位置を求めたりできるんだよ。さっそくやってみよう！」

4.5　速度を調べる

問題 4-1（鉛直投げ上げ）
ボールを鉛直方向上向きに地面から速度 v_0 で投げ上げたとします。地面に戻ってきたときの速度を v_1 とすると、

$$v_1 = -v_0$$

になることを証明してください。

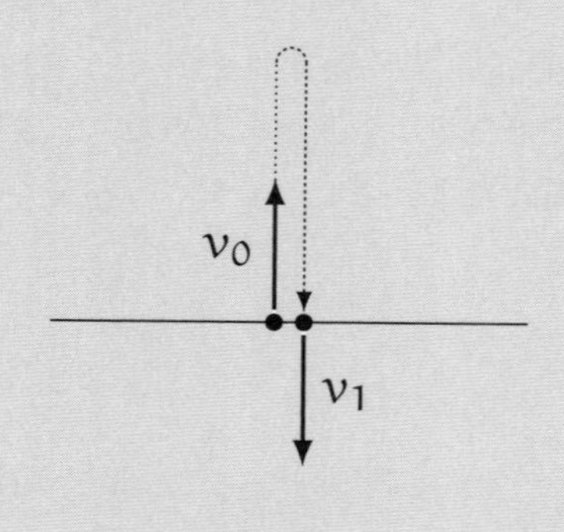

テトラ「これは、戻ってきた時刻 t_{return} を求めて解いた問題ですね（p. 138）。時刻を求めなくても証明できるんですか？」

僕「そうだね。ああ、でも《投げた時刻》を t_0 として《戻ってきた時刻》を t_1 と名前だけは決めておこう。t_0 や t_1 の値は求めないけど、二つの時点を対比させて考えたいから」

テトラ「時刻 t_0 で投げて、時刻 t_1 で戻ってきたとする？」

僕「そうだね。そして時刻 t_0 と時刻 t_1 で力学的エネルギーが等しいことを使うんだ。こんな表にまとめることにしよう」

	運動エネルギー $\frac{1}{2}mv^2$	位置エネルギー mgh	力学的エネルギー $\frac{1}{2}mv^2 + mgh$
時刻 t_0			
時刻 t_1			

テトラ「はい、この表は埋められます。ボールを投げ上げた時刻 t_0 での速度は $v = v_0$ で高さは $h = 0$ です。そして、地面まで戻ってきた時刻 t_1 での速度は $v = v_1$ で高さは $h = 0$ です。あとは、定義に当てはめるだけです」

	運動エネルギー $\frac{1}{2}mv^2$	位置エネルギー mgh	力学的エネルギー $\frac{1}{2}mv^2 + mgh$
時刻 t_0	$\frac{1}{2}mv_0^2$	0	$\frac{1}{2}mv_0^2 + 0$
時刻 t_1	$\frac{1}{2}mv_1^2$	0	$\frac{1}{2}mv_1^2 + 0$

僕「ここから証明したい $v_1 = -v_0$ はすぐ導けるよね」

テトラ「ああ、導けますね！ 力学的エネルギー保存則から、

$$\frac{1}{2}mv_0^2 + 0 = \frac{1}{2}mv_1^2 + 0$$

つまり、

$$\frac{1}{2}mv_0^2 = \frac{1}{2}mv_1^2$$

になるので、両辺を $\frac{1}{2}m$ で割って、

$$v_0^2 = v_1^2$$

になります。ここから、

$$v_1 = v_0 \quad \text{または} \quad v_1 = -v_0$$

になりますが……はい、v_0 と v_1 とは向きが反対ですから，符号は異なります。ですから、

$$v_1 = -v_0$$

がいえます！」

僕「うん、できたね。ほら、t_0 や t_1 は求めていないけれど、$v_1 = -v_0$ になることが示せた」

テトラ「あれよあれよというまに証明ができました……」

解答 4-1（鉛直投げ上げ）
力学的エネルギー保存則より、投げ上げたときと地面に戻ってきたときの力学的エネルギーは等しいので、

$$\frac{1}{2}mv_0^2 = \frac{1}{2}mv_1^2$$

が成り立ち、両辺を $\frac{1}{2}m \neq 0$ で割って、

$$v_0^2 = v_1^2$$

です。投げ上げたときと地面に戻ってきたときとでは速度の向きは反対なので、v_0 と v_1 は異符号となり、

$$v_1 = -v_0$$

です。
（証明終わり）

僕「力学的エネルギー保存則は強力だね。いまは高さが 0 のときを考えたけど、高さが H のときを考えれば一般化できるよ。高さが H になる二つの時刻をそれぞれ t_a, t_b として、そのときの速度をそれぞれ v_a, v_b としてみる」

	速度 v	高さ h
時刻 t_a	v_a	H
時刻 t_b	v_b	H

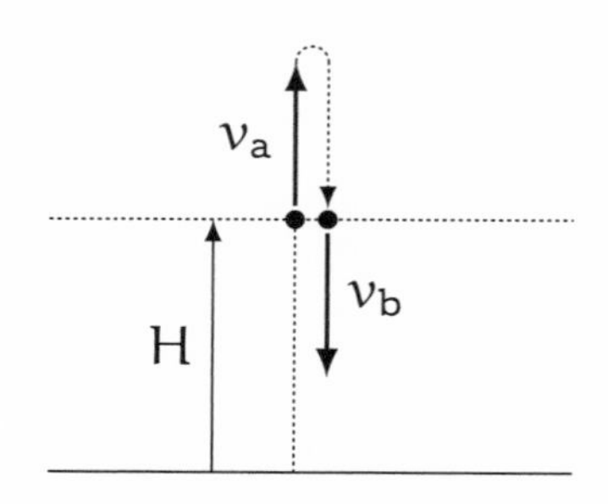

テトラ「ああ、なるほどです。ボールが上がるときと下がるときで同じ高さHになった場合の速度ですね。確かにこれは、

$$v_b = -v_a$$

になります。なぜかというと、高さが等しかったら位置エネルギーは等しいからですっ！」

	運動エネルギー $\frac{1}{2}mv^2$	位置エネルギー mgh	力学的エネルギー $\frac{1}{2}mv^2 + mgh$
時刻 t_a	$\frac{1}{2}mv_a^2$	mgH	$\frac{1}{2}mv_a^2 + mgH$
時刻 t_b	$\frac{1}{2}mv_b^2$	mgH	$\frac{1}{2}mv_b^2 + mgH$

僕「そうだね、力学的エネルギー保存則から――」

テトラ「先輩！　テトラが答えます！　力学的エネルギー保存則から、次の式が成り立ちます。

$$\underbrace{\frac{1}{2}mv_a^2 + mgH}_{\text{時刻 } t_a \text{ での力学的エネルギー}} = \underbrace{\frac{1}{2}mv_b^2 + mgH}_{\text{時刻 } t_b \text{ での力学的エネルギー}}$$

あとは両辺から mgH を引いて両辺を $\frac{1}{2}m$ で割れば、

$$v_a^2 = v_b^2$$

になります。解答 4-1 と同様に考えて、

$$v_b = -v_a$$

がいえました！」

僕「いいね！」

テトラ「時刻を求めなくても速度がわかるんですね……」

4.6 位置を調べる

僕「問題 4-1 では、力学的エネルギー保存則を使って位置から速度を調べた。逆に、速度から位置を調べることもできるよ。たとえば、こんな問題」

問題 4-2（どこまで高く上がるか）
ボールを地面から鉛直方向上向きに投げ上げたとき、最も高く上がる位置 h_{max} を求めてください。ただし初速度は v_0 で、重力加速度は g とします。

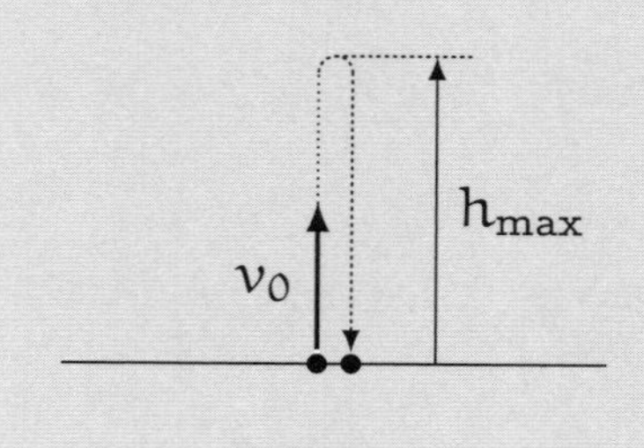

テトラ「位置が時刻の二次関数になるので、先ほどは二次関数の最大値として求めました。$\frac{v_0^2}{2g}$ ですね（p. 143）」

僕「そうだったね。今度は力学的エネルギーの式、

$$\frac{1}{2}mv^2 + mgh$$

に注目する。力学的エネルギー保存則から、この式の値は一定になるよね。できるだけ高さ h を大きくしたいなら速度がどうなればいいか——」

テトラ「できるだけ高さ h を大きくしたい……なるほど！ h を大きくするというのは位置エネルギー mgh を大きくすることです。すると、和は一定なんですから、運動エネルギー $\frac{1}{2}mv^2$ をできるだけ小さくするしかありません」

僕「うんうん」

テトラ「運動エネルギーは $\frac{1}{2}mv^2$ のように v^2 を含んでいるので、小さくするといっても 0 にするのがせいいっぱい！」

僕「止まるよりも遅くは動けないからね」

テトラ「ですから、$v = 0$ になれば $h = h_{max}$ のはずですっ！」

僕「そして実際、投げ上げたボールは最高点で一瞬止まって——それから落ちてくる」

テトラ「ああ、わかりました。わかりました。投げたときの力学的エネルギーを使うんですね」

$$\underbrace{\frac{1}{2}m{v_0}^2 + mg \cdot 0}_{\text{投げたときの力学的エネルギー}} = \underbrace{\frac{1}{2}m \cdot 0^2 + mgh_{max}}_{\text{最高点での力学的エネルギー}}$$

僕「そうそう。投げたときは高さが 0 で、最高点では速度が 0 になっているという式になった」

テトラ「あとは計算ですっ！

$$\frac{1}{2}mv_0^2 + mg \cdot 0 = \frac{1}{2}m \cdot 0^2 + mgh_{max}$$
$$\frac{1}{2}mv_0^2 = mgh_{max}$$
$$\frac{1}{2}v_0^2 = gh_{max}$$
$$\frac{v_0^2}{2g} = h_{max}$$
$$h_{max} = \frac{v_0^2}{2g}$$

……確かに $\frac{v_0^2}{2g}$ になりました」

解答 4-2（どこまで高く上がるか）

$$h_{\mathrm{max}} = \frac{v_0^2}{2g}$$

僕「力学的エネルギー保存則、つまり運動エネルギーと位置エネルギーの和が一定であることを利用して、いろんなことがわかる。いろんな解き方ができるのは楽しいね」

テトラ「はい……ところで、問題が解けるのはいいのですが——」

僕「ん？」

テトラ「力学的エネルギー保存則で疑問があります。またまた《物理学と数学の境目》のお話なんですが」

僕「へえ……」

4.7　新たな物理法則なのか

テトラ「質点の運動についてお聞きしていると、《物理学の世界》と《数学の世界》がすごくつながっていると感じます」

僕「そうだね」

テトラ「《ニュートンの運動方程式》と《万有引力の法則》を前提として、ベクトルや積分や微分などを使えば質点の運動を調べることができます……ですよね？」

僕「うん、その通りだよ。それで？」

テトラ「はい。ところであたしたちは力学的エネルギー保存則というもので質点の速度や位置を求めることもできました。この《力学的エネルギー保存則》というのは、物理学なんでしょうか。それとも数学なんでしょうか」

僕「ええと……」

テトラ「あのですね……力学的エネルギー保存則は、新たな物理法則なんでしょうか。つまり、これを前提として考える——何と言えばいいんでしょう。言葉にするのは難しいですね」

ミルカ「力学的エネルギー保存則は**定理**なのか」

僕「うわっ！」

テトラ「ミルカさん！」

4.8 ミルカさん

ミルカさんは、数学がとても得意な僕のクラスメート。ミルカさん、テトラちゃん、そして僕の三人は放課後の図書室で数学を楽しむ仲間なのだ。

僕「後ろから忍び寄るの、やめてほしいなあ」

ミルカ「テトラの疑問はこうだろう。力学的エネルギー保存則は、ニュートンの運動方程式と万有引力の法則から**数学的に導くことができるか**」

ミルカさんは、僕とテトラちゃんを交互に見ながら、ゆっくりとした講義口調で話し始めた。彼女の動きに合わせて、長い黒髪が静かに揺れる。

テトラ「数学的に導くことができるか……」

ミルカ「もしも導けるなら、力学的エネルギー保存則はいわば定理だ。ニュートンの運動方程式と万有引力の法則を認めた瞬間に自動的に正しいと決まる。もしも導けないなら、ニュートンの運動方程式や万有引力の法則と同じように、力学的エネルギー保存則が成り立つと認めた上で議論を進めることになる」

テトラ「そうですね……あたしは確かにそれが知りたかったんです。力学的エネルギー保存則は数学的に導けるものなのか、それとも新たな物理学の法則として扱うべきなのか」

僕「なるほど……あまりちゃんと考えたことがなかったなあ」

ミルカ「一次元の場合で証明してみよう。たとえばこんな問題」

問題 4-3（力学的エネルギー保存則）
ニュートンの運動方程式 $F = ma$ と、万有引力の法則から得られる式 $F = -mg$ とを用いて、質点の投げ上げにおいて力学的エネルギー保存則が成り立つことを証明してください。

テトラ「考えますっ！――と、いっても考える手がかりが何もありません……」

ミルカ「《求めるものは何か》」

テトラ「求めるもの——それは、力学的エネルギーを表している、

$$\frac{1}{2}mv^2 + mgh$$

という式の値が一定になるということです」

僕「なるほどねえ……わかってきたぞ」

テトラ「でも、式の値が一定であることを証明する——なんて、どうすればいいんでしょう。さっぱり見当がつきません」

ミルカ「そう？」

メタルフレームの眼鏡越しに僕をちらっと見るミルカさん。

僕「時刻が変化しても式の値が一定であることを示すんだよね。力学的エネルギー $\frac{1}{2}mv^2 + mgh$ を時刻 t の関数と見て、時刻 t によらない定数であることを示すなら……」

テトラ「定数——もしかして、時刻で微分したらゼロになる？」

僕「そう！　時刻で微分して 0 になるなら変化しない！」

テトラ「なるほど……」

4.9　証明したい

僕「力学的エネルギーは $\frac{1}{2}mv^2 + mgh$ で表せているから、これを時刻 t で微分して 0 になることをいえば証明は終わりになる。つまり、証明したいことは、

$$\underbrace{\underbrace{\frac{d}{dt}(\overbrace{\tfrac{1}{2}mv^2 + mgh}^{\text{力学的エネルギー}})}_{\text{時刻 t で微分}} = 0}_{\text{0 に等しい}}$$

になるね」

テトラ「あ、あの……これでもいいですか？」

$$\left(\tfrac{1}{2}mv^2 + mgh\right)' = 0$$

僕「うん、いいよ。時刻 t で微分することを $'$ で表したんだね。何をやっているのか自分でよくわかっているなら——つまり、t で微分しているということを忘れなければ大丈夫だよ。じゃ、それでやってみるね」

$$\begin{aligned}
(\tfrac{1}{2}mv^2 + mgh)' &= (\tfrac{1}{2}mv^2)' + (mgh)' && \text{和の微分は、微分の和} \\
&= \tfrac{1}{2}m(v^2)' + mgh' && \text{定数倍の微分は、微分の定数倍} \\
&= \tfrac{1}{2}m(2vv') + mgh' && \text{合成関数の微分}
\end{aligned}$$

テトラ「ちょ、ちょっとお待ちください。$(v^2)' = 2vv'$ は正しいですか。$(v^2)' = 2v$ ではありませんか？」

僕「もしも v^2 を v で微分したら $2v$ でいいんだけど、いまは v^2 を t で微分しているから $2vv'$ になるんだよ」

ミルカ「合成関数の微分だな」

テトラ「v^2 が……合成関数？」

僕「こんなふうに段階を追って考えるとわかりやすいよ。

- t の値が決まれば v の値が一つ決まるから、
  v は t の関数である。
- v の値が決まれば v^2 の値が一つ決まるから、
  v^2 は v の関数である。

この二つの関数を合成して、

- t の値が決まれば v^2 の値が一つ決まるから、
  v^2 は t の関数である。

といえる」

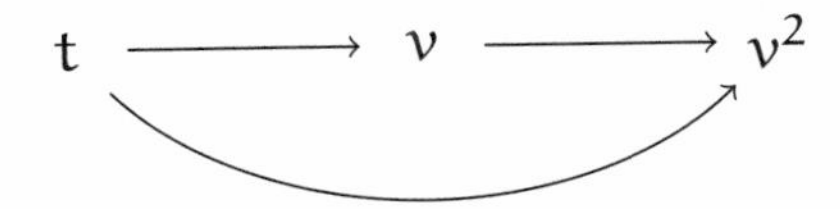

テトラ「ああ……そういうふうに考えるんですか！」

僕「うん、v^2 が合成関数というのはそういう意味だよ。だから v^2 を t で微分するには、合成関数の微分を行う必要がある」

テトラ「v^2 を v じゃなくて t で微分するというところを見逃していました……」

僕「見やすくするため $y = v^2$ と置くと、合成関数の微分はこんな式で求められる。

$$\frac{dy}{dt} = \frac{dy}{dv} \cdot \frac{dv}{dt}$$

この式が成り立つことは証明が必要だけど、この式自体は分数の計算にそっくりなので覚えやすい。この式の読み方は、

$$\underbrace{\frac{dy}{dt}}_{y\text{ を }t\text{ で微分}} = \underbrace{\underbrace{\frac{dy}{dv}}_{y\text{ を }v\text{ で微分}} \cdot \underbrace{\frac{dv}{dt}}_{v\text{ を }t\text{ で微分}}}_{\text{積}}$$

だよ。合成関数の微分の式に照らし合わせて v^2 を t で微分すると、

$$\underbrace{(v^2)'}_{v^2\text{ を }t\text{ で微分}} = \underbrace{\underbrace{2v}_{v^2\text{ を }v\text{ で微分}} \cdot \underbrace{v'}_{v\text{ を }t\text{ で微分}}}_{\text{積}}$$

になる。つまり、

$$(v^2)' = 2vv'$$

ということ」

テトラ「は、はい……合成関数の微分は、以前も引っかかったような記憶があります」

僕「計算の続きをしていくよ」

$$\begin{aligned}\left(\tfrac{1}{2}mv^2 + mgh\right)' &= \tfrac{1}{2}m(2vv') + mgh' && \text{p. 174 の式から} \\ &= mvv' + mgh' && \tfrac{1}{\not 2}m(\not 2vv') = mvv' \text{ を計算}\end{aligned}$$

テトラ「$mvv' + mgh'$ になりましたが……」

ミルカ「$v' = a$ と $h' = v$ を使う」

テトラ「お待ちください。$v' = a$ と $h' = v$ はなぜですか？」

僕「h は高さ。つまり位置だから、h を時刻で微分したら速度 v になるよね。それから v は速度だから、v を時刻で微分したら加速度 a になるんだよ」

テトラ「そうでしたっ！ 時刻で微分しているんでしたね……だとすると、計算はもう少し進みます」

$$
\begin{aligned}
(\tfrac{1}{2}mv^2 + mgh)' &= mvv' + mgh' && \text{上の式から} \\
&= mva + mgv && v' = a \text{ と } h' = v \text{ から} \\
&= (ma + mg)v && v \text{ をくくりだした}
\end{aligned}
$$

僕「ここまでできた。

$$(\tfrac{1}{2}mv^2 + mgh)' = (ma + mg)v$$

確かにこの値は恒等的に 0 になるよ。時刻によらず、

$$ma + mg = 0$$

が成り立つ」

テトラ「そんなにすぐわかるんですか？」

ミルカ「《与えられているものは何か》」

テトラ「与えられているもの？ ああ、ニュートンの運動方程式と万有引力の法則！ この二つが与えられています。質点に掛かる力を F とすると……

$$
\begin{cases}
F = ma & \text{ニュートンの運動方程式から} \\
F = -mg & \text{万有引力の法則から}
\end{cases}
$$

……ですから $ma = F$ で $mg = -F$ になって、和は 0 です！」

$$ma + mg = F + (-F) = 0$$

解答 4-3（力学的エネルギー保存則）
この質点の力学的エネルギーは、

$$\frac{1}{2}mv^2 + mgh$$

です。これを時刻で微分すると、

$$\left(\frac{1}{2}mv^2 + mgh\right)' = (ma + mg)v$$

が成り立ちます。ニュートンの運動方程式と万有引力の法則から、$ma + mg = 0$ がいえるので、

$$\left(\frac{1}{2}mv^2 + mgh\right)' = 0$$

となります。力学的エネルギーを時刻で微分すると 0 になることから、力学的エネルギー保存則が成り立ちます。
（証明終わり）

テトラ「微分して証明できるんですね……」

僕「そうだね。$\frac{1}{2}mv^2 + mgh$ という式の形はもうわかっているから、思ったよりも簡単にできたなあ」

テトラ「式の形……」

僕「力学的エネルギーの式だよ」

ミルカ「いまの証明は一次元だったが、二次元でも証明できる*2」

テトラ「式の……形」

テトラちゃんは、爪を噛(か)みながら何かを考えている。

僕「何か気になることがあるの？ 計算で引っかかった？」

テトラ「いえ、合成関数の微分でちょっと引っかかりましたけど、計算は大丈夫です。ただ——力学的エネルギー保存則の証明はできましたけど、発見はしていないですよね、あたしたち」

僕「発見？」

ミルカ「発見とは？」

4.10 発見したい

テトラ「あたしたちが証明したのは、力学的エネルギー保存則——つまり、力学的エネルギーが一定であることですよね。時刻 t が変わっても、

$$\frac{1}{2}mv^2 + mgh$$

という式の値が変わらないということを証明したんです」

ミルカ「ふむ」

僕「そうだね」

テトラ「でも、でも、あのですね、

---

*2 第4章末の問題4-2参照（p. 191）。

$$\frac{1}{2}mv^2 + mgh$$

という式そのものを導いたわけじゃありません——よね？」

ミルカ「……」

僕「……」

テトラちゃんが何を言いたいのか、僕にはまだわからない。

テトラ「ええと、ええと、いまの証明で、あたしたちは、先輩が教えてくださったこの式、

$$\frac{1}{2}mv^2 + mgh$$

からスタートしました。与えられたこの式を時刻で微分して0になることを証明したんです」

僕「でも論理的にはおかしくないよ。その式が力学的エネルギーの定義で、それを微分したものが0になることをニュートンの運動方程式と万有引力の法則を使って示したわけだから」

ミルカ「ふむ。論点先取ではないな。テトラの懸念点は？」

テトラ「あの、あの、あたしは、

$$\frac{1}{2}mv^2 + mgh$$

という式がどこから来たのかを知りたいと思ったんです。こんな複雑な式をいきなり思いつくわけじゃないですよね。さっきの証明は論理的には正しいですが《$\frac{1}{2}mv^2 + mgh$ という式ありき》だと感じます」

僕「なるほどねえ」

ミルカ「どこからスタートすればテトラは納得するのか」

テトラ「どこからスタートすれば納得するか……」

テトラちゃんは沈黙し、ノートをめくって何かを書き始めた。

それにしても彼女はすごい。計算を追うだけで終わりにしない。証明ができても終わりにしない。自分が引っかかっていることを忘れずにキープし続け、さらにはそれを言葉で表現しようとしているのだ。

僕「……」

ミルカ「……それで？」

テトラ「はい。たとえば、これは質点に重力が掛かっているときの《位置・速度・加速度》です[*3]。ここからスタートして、力学的エネルギー保存則は発見できるんでしょうか」

---

*3 p. 141 の ♣ をもとにしています。

♠重力だけが掛かっている質点の《位置・速度・加速度》

重力だけが掛かっている質点について、時刻 t の位置、速度、加速度の鉛直方向の成分は、鉛直方向上向きを正の向きとし、重力加速度を g としたとき、次のようになります。

$$
\begin{cases}
\text{位置}\ h = -\frac{1}{2}gt^2 + v_0t + h_0 \\
\text{速度}\ v = \quad -gt \quad + v_0 \\
\text{加速度}\ a = \quad -g
\end{cases}
$$

ここで、h_0 と v_0 はそれぞれ時刻 0 での位置と速度です。

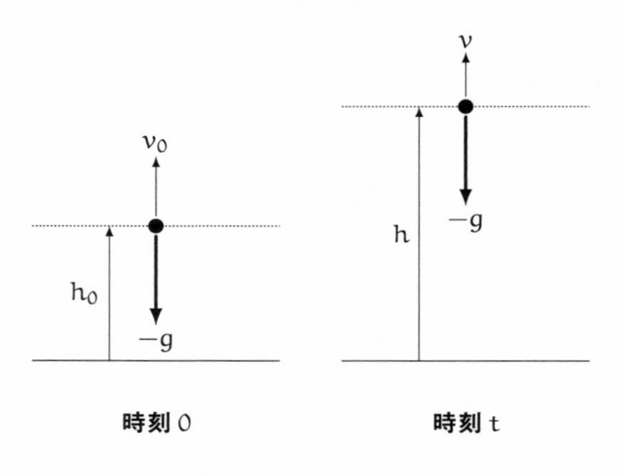

時刻 0　　**時刻** t

僕「うーん……でもこの《位置・速度・加速度》は結局ニュートンの運動方程式と万有引力の法則を使って積分で計算したものだから、論理的には同じ道をたどる証明になると思うなあ」

ミルカ「テトラが求めているのは証明ではなく力学的エネルギーという概念を自然に発見することなんだろう」

テトラ「わ、わがままですみません」

僕「謝る必要なんてないよ、テトラちゃん」

ミルカ「まったくわがままじゃない。ある物理量が保存量かどうかは重要だ」

僕「《不変なものには名前を付ける価値がある》」

ミルカ「その通りだ。物理学では保存量と表現することが多く、数学では不変性を持つと表現することが多いが、ともかく、変化の前後で保たれる量の発見には大きな価値がある」

　ミルカさんはそう言った。でも、テトラちゃんの要望——

　力学的エネルギーを自然に発見したい

——なんて、どうすれば実現できるんだろう。

4.11　自然に発見したい

ミルカ「私たちは《力学的エネルギー》を知らないとしよう。しかし、時刻に依存しない《保存量》を発見したいと考えている。テトラが好きな《知らないふりゲーム》だな[*4]」

テトラ「はいはい、そうですそうです！」

僕「僕たちはすでに力学的エネルギーの式を知っているけれど、それを天下りに導入するんじゃなくて、自然に導出するということだよね。うーん……」

*4　『数学ガール／ゲーデルの不完全性定理』参照。

ミルカ「保存量になりそうな候補が t の関数として表されていれば、その導関数が 0 になればいい……と考えを進められる。しかし私たちにはまだそんな候補はない」

テトラ「発見が必要ですっ！」

僕「式がわかってないのに、導関数が 0 になる式を発見する……そんなこと、できるの？」

ミルカ「導関数も忘れよう」

僕「？」

ミルカ「保存量が《v と h の式》で表されているとする。その値が変化しないというのは、任意の時刻 t における値と、時刻 0 における値が等しいと考えればいい。質点の運動を表す式から、時刻 t を消した式を求めよう」

テトラ「？」

ミルカ「よくやることだ。v と h を連立させて t を消す。まずは $v = -gt + v_0$ を t について解こう」

$$
\begin{aligned}
v &= -gt + v_0 && \text{速度の式から（p. 182 の ♠ 参照）} \\
v + gt &= v_0 && \text{右辺の } -gt \text{ を左辺に移項した} \\
gt &= v_0 - v && \text{左辺の } v \text{ を右辺に移項した} \\
t &= \frac{v_0 - v}{g} && \text{両辺を } g \text{ で割った}
\end{aligned}
$$

僕「これは速度が v になるときの時刻 t を求めたわけだね」

ミルカ「そういうこと。そのときの高さ h を求める」

テトラ「だとすると、$h=-\frac{1}{2}gt^2+v_0t+h_0$ に、いまの t を代入する？」

$$
\begin{aligned}
h &= -\tfrac{1}{2}gt^2 + v_0t + h_0 && \text{位置の式から} \\
&= -\frac{g}{2}\Bigl(\underbrace{\frac{v_0 - v}{g}}_{=t}\Bigr)^2 + v_0\Bigl(\underbrace{\frac{v_0 - v}{g}}_{=t}\Bigr) + h_0 && \text{t へ代入した} \\
&= -\frac{g(v_0 - v)^2}{2g^2} + \frac{v_0(v_0 - v)}{g} + h_0 && \text{計算した} \\
&= -\frac{(v_0 - v)^2}{2g} + \frac{v_0(v_0 - v)}{g} + h_0 && \text{g で約分した}
\end{aligned}
$$

僕「なるほど。これで、

$$h=-\frac{(v_0-v)^2}{2g}+\frac{v_0(v_0-v)}{g}+h_0$$

までわかったね。ゴールが見えてきたよ」

テトラ「あ、あたしには見えません……」

ミルカ「《求めるものは何か》」

テトラ「あたしが求めているのは、力学的エネルギー保存則です。でも、運動エネルギーや位置エネルギーの式をいきなり出すのではなく、自然に出てきてほしいです。この式から出てくるんでしょうか」

$$h=-\frac{(v_0-v)^2}{2g}+\frac{v_0(v_0-v)}{g}+h_0$$

ミルカ「自然に出てきてほしい——熟れたリンゴが自然に落ちてくるように？」

テトラ「たとえていえば、そうです」

僕は待ちきれず、声を上げる。

僕「計算を進めようよ！　分母を払うため両辺に $2g$ を掛けると、

$$2gh = -(v_0 - v)^2 + 2v_0(v_0 - v) + 2gh_0$$

になる。展開していくよ」

$$\begin{aligned}
2gh &= -(v_0 - v)^2 + 2v_0(v_0 - v) + 2gh_0 && \text{両辺に } 2g \text{ を掛け} \\
&= -(v_0^2 - 2v_0v + v^2) + (2v_0^2 - 2v_0v) + 2gh_0 && \text{展開した} \\
&= -v_0^2 + 2v_0v - v^2 + 2v_0^2 - 2v_0v + 2gh_0 && \text{さらに展開した} \\
&= (2v_0^2 - v_0^2) + (2v_0v - 2v_0v) - v^2 + 2gh_0 && \text{同類項をまとめ} \\
&= v_0^2 - v^2 + 2gh_0 && \text{計算した}
\end{aligned}$$

$$v^2 + 2gh = v_0^2 + 2gh_0 \qquad \text{右辺の } -v^2 \text{ を左辺に移項した}$$

ミルカ「できたな」

僕「できたね！」

$$v^2 + 2gh = v_0^2 + 2gh_0$$

テトラ「この式が……？」

僕「うん。あとは両辺に $\frac{1}{2}m$ を掛ければこうなるよね。

$$\frac{1}{2}mv^2 + mgh = \frac{1}{2}mv_0^2 + mgh_0$$

左辺は任意の時刻 t における力学的エネルギーで、右辺は時刻 0 における力学的エネルギーになってるね！」

$$\underbrace{\frac{1}{2}mv^2 + mgh}_{\text{時刻 } t \text{ の力学的エネルギー}} = \underbrace{\frac{1}{2}mv_0^2 + mgh_0}_{\text{時刻 } 0 \text{ の力学的エネルギー}}$$

ミルカ「力学的エネルギー保存則だ」

4.12 もっと自然に発見したい

テトラ「……あの、テトラはまだ引っかかっているようです」

僕「おや？」

ミルカ「テトラが望んだ式からスタートしたはずだが？」

テトラ「確かに力学的エネルギーの式が出てきましたし、保存量にもなっていて……それは納得しているんですが」

僕「うん、でも？」

テトラ「はい、式変形の途中で、

$$v^2 + 2gh = v_0^2 + 2gh_0$$

という式が出てきました。そして、あたしには、この式が、すでに保存量を表しているように見えます。だって、

$$v^2 + 2gh$$

という式の値は時刻が変わっても変化しませんから！ $\frac{1}{2}m$ 倍するまでもなく、これは保存量のはずですっ！」

僕「そうだけど、$\frac{1}{2}m$ 倍しても保存量であることは変わらないよ」

テトラ「それはわかります。でも、$\frac{1}{2}m$ 倍するところがどうしても引っかかります。文字を増やしてまでどうしてそんなことをするんですか。$v^2 + 2gh$ が保存量なのに、どうして $\frac{1}{2}m$ を掛けなくちゃいけないんでしょうか。あたしが知りたいのはその理由です。$\frac{1}{2}$ は微分や積分で出てくることはわかっていますので、問題は m 倍ですっ！」

テトラちゃんは、両手を何度も上下に振って主張する。

僕「うーん、たとえば、$v^2 + 2gh$ だと質量 m のことは考えていないよね。式に m が組み込まれていないから」

テトラ「それなら、m^2 や $\sqrt{m}$ を掛けてもいいわけですよね？ 自然に導けるなら納得できるんですが、$\frac{1}{2}m$ を掛けるのはやはり《$\frac{1}{2}mv^2 + mgh$ という式ありき》じゃないですか？」

ミルカ「ふうん」

ミルカさんがすっと目を閉じる。

その場の空気がさっと変わる。

興奮気味に語り続けていたテトラちゃんが話すのをやめ、僕たちのまわりに静寂が訪れた。

テトラ「……」

僕「……」

ミルカ「テトラが自然だと考えるかどうかはわからないが、基本的な問いを一つ、提示してみよう。

重いものを高いところに置くにはどうする？

という問いだ」

テトラ「……よいしょと持ち上げます」

ミルカ「するとそこには**力**が登場するわけだ」

ミルカさんは、そう言って微笑んだ。

真実を理解しようとするのは、
あたかも閉じられた時計の内部の装置を知ろうとするのに似ています。
時計の面や動く針が見え、その音も聞こえて来ますが、
それを開く術(すべ)はないのです。[*5]

---

*5 アインシュタイン+インフェルト『物理学はいかに創られたか (上)』[2] より。

第4章の問題

質点の運動エネルギーについての補足

問題4-1と問題4-2では質点の運動を二次元で考えます。速度の大きさを v で表し、速度の成分を (v_x, v_y) としたとき、質点の運動エネルギーは、

$$\frac{1}{2}mv^2 = \frac{1}{2}m\left(\sqrt{v_x^2 + v_y^2}\right)^2 = \frac{1}{2}m(v_x^2 + v_y^2)$$

で表されます*6。

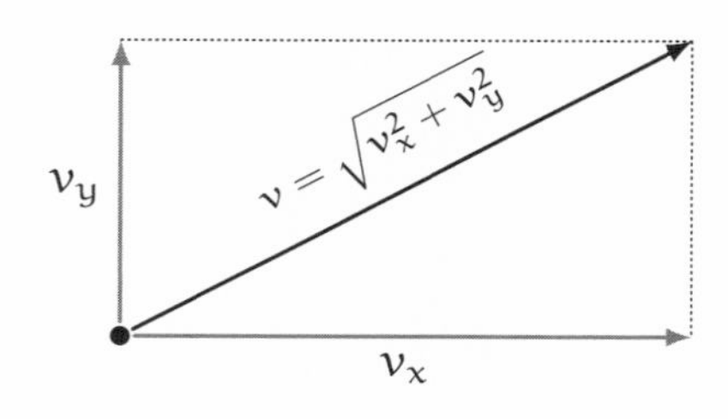

*6　なお、運動エネルギーを表す式 $\frac{1}{2}mv^2$ において、速度をベクトルとして考えるとき、v^2 という式は速度ベクトルの《自分自身との内積》を表すと解釈します。すると、v を速度だと考えても速度の大きさ（速さ）だと考えても $\frac{1}{2}mv^2$ は同じ値になります。

●問題 4-1（力学的エネルギー保存則）
高い場所からボールを投げて地面まで落とします。ボールをどんな向きに投げたとしても、初速度の大きさが一定ならば、地面に落ちたときのボールが持つ速度の大きさは一定です。このことを力学的エネルギー保存則を用いて証明してください。なお、ボールには重力だけが働いているものとします。

（解答は p. 317）

●問題 4-2（力学的エネルギー保存則の証明）
時刻 $t=0$ のとき、高さ h_0 からボールを投げました。初速度の大きさは v_0 で、初速度の向きが地面となす角度は θ です。ボールに働く力が重力だけであるとき、時刻 $t \geqq 0$ における力学的エネルギーを計算することで、力学的エネルギー保存則が成り立つことを証明しましょう。

（解答は p. 319）

●問題 4-3（合成関数の微分）
ある物理量 y は時刻 t の関数で、

$$y = \sin \omega t$$

と表されるとします。ここで ω（オメガ）は時刻によらない定数です。
このとき、y を t で微分した導関数、

$$\frac{dy}{dt}$$

を t の関数として表してください。

（解答は p. 323）

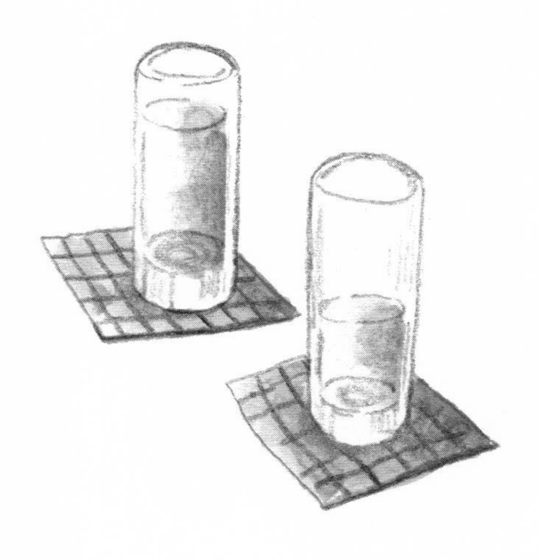

第5章

宇宙へ飛び出そう

"存在するから定義できるのか。定義するから存在するのか。"

5.1 $\mathfrak{m}$を掛ける意味

ここは高校の図書室。いまは放課後。

僕たち三人は、力学的エネルギーについて話していた。

力学的エネルギー保存則を自然に発見したいというテトラちゃんに対して、ミルカさんは問う。

ミルカ「重いものを高いところに置くにはどうする？」

テトラ「……よいしょと持ち上げます」

ミルカ「するとそこには**力**が登場するわけだ」

テトラ「はい？」

ミルカ「テトラは、$\frac{1}{2}v^2 + gh$ ではなく、$\frac{1}{2}mv^2 + mgh$ を考える理由を知りたい」

テトラ「はい、そうです。その通りです。

$$\frac{1}{2}v^2 + gh$$

がすでに保存量になっているのに、m を掛けて

$$\frac{1}{2}mv^2 + mgh$$

のようにわざわざ複雑にするのはなぜでしょう」

ミルカ「まずは位置エネルギーに注目してみよう。重力による位置エネルギーとして gh ではなく mgh を選ぶ理由——何がうれしいかを考えるために」

テトラ「はい」

僕「なるほど……」

5.2　位置エネルギーに注目

ミルカ「地面からの高さを h で表す。質量 m の質点が地面の高さ $h = 0$ に静止している。その質点に対して大きさ F の力を鉛直上向きに掛け続け、高さ $h = s$ まで静かに持ち上げる様子を考える」

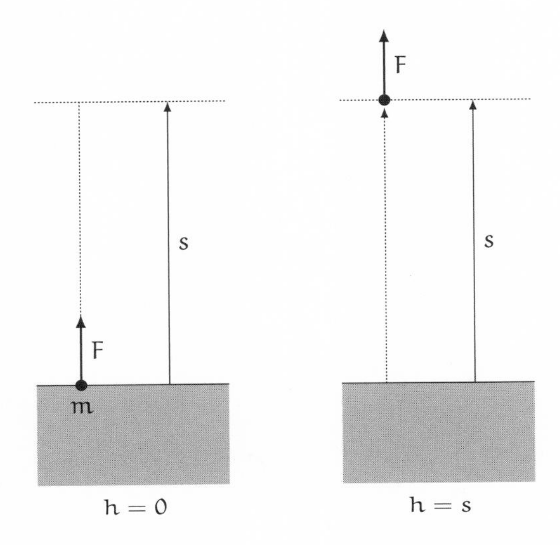

テトラ「はい、よいしょっと持ち上げます」

テトラちゃんは重いものを持つジェスチャをする。

ミルカ「質量 m の質点を静かに持ち上げる力の大きさ F は式で書ける？」

テトラ「力は $F = mg$ でしょうか。重力加速度を g として、地球から質点に掛かる重力は鉛直下向きで、大きさは mg になります。ですから、質点を持ち上げるための力 F はそれに抗して鉛直上向きに mg の大きさとなって $F = mg$ です」

僕「いやいや、持ち上げるなら $F > mg$ じゃないとまずいよ」

ミルカ「$F > mg$ だと鉛直上向きの加速度が生じ、速度が生まれてしまう。いまは位置エネルギーに注目したいから、速度が生じないように持ち上げたい。つまり静かに持ち上げたい」

僕「でも $F = mg$ だと、持ち上げる力と重力が釣り合ってしまうから持ち上がらないんじゃない？」

ミルカ「その通り。だから、mg に正の数 ε（イプシロン）を加えて、

$$F = mg + \varepsilon \qquad (\varepsilon > 0)$$

とする。しかし、この ε は正であればどれだけ小さくてもかまわないと考える」

僕「正であればどれだけ小さくてもかまわない……まるで極限だね」

ミルカ「このような動かし方を**準静的**（じゅんせいてき）な移動と呼ぶこともある。$\varepsilon > 0$ が小さければ小さいほど 0 から s まで持ち上げるのに時間が掛かる。しかしいまは掛かる時間は気にしない。好きなだけ時間を掛けて——まるでほとんど静止しているような動かし方で——質点を $h = 0$ から $h = s$ まで移動するという思考実験だ」

質点の準静的な移動

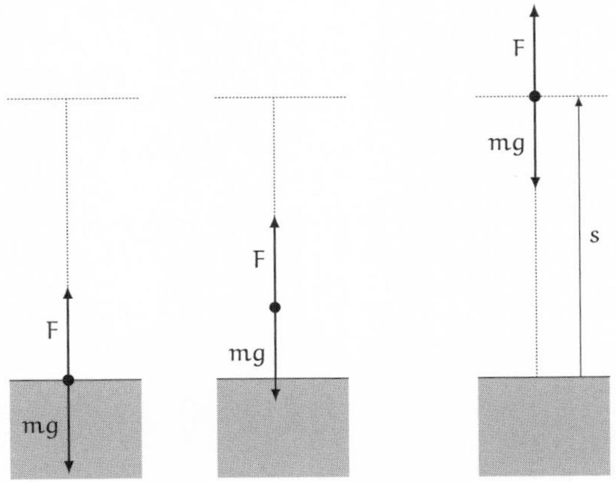

地面の質点を、そっと持ち上げて、…… 高さ s に到着

テトラ「力 $F = mg$ を掛けて、質点をそううううっと s まで持ち上げる……想像はできますが、それで何がわかるんでしょう」

ミルカ「位置エネルギーを mgh で表すとうれしい理由の一つがわかる。質量 m の質点に力 F を掛けて 0 から s まで持ち上げる。すると位置エネルギーは mgs だけ増える」

テトラ「はい、それはわかります」

ミルカ「ところで、《手が質点に掛けた力》と《質点の変位》との積である Fs という量は、その質点が持っている《重力による位置エネルギー》の変化 mgs に等しくなる。すなわち、

$$《力と変位の積 Fs》=《位置エネルギーの変化 mgs》$$

が成り立つ」

テトラ「は、はい。そうですが……」

ミルカ「位置エネルギーを mgh で表すならば、《力と変位の積》で《位置エネルギーの変化》を表せるということだ」

ここでテトラちゃんは長考に入った。
真面目な顔で爪を噛(か)みながら考えている。

テトラ「……こういうことでしょうか。

- 重力による位置エネルギーを mgh と定義します。
  すると……
- 高さ $h = 0$ のとき位置エネルギーは 0 です。
- 高さ $h = s$ のとき位置エネルギーは mgs です。
- ですから位置エネルギーの変化は $mgs - 0 = mgs$ です。
- 質量 m の質点を静かに持ち上げる力は $F = mg$ です。
- 質点の変位は $s - 0 = s$ です。

以上のことから、

$$Fs = mgs$$

という式が成り立ち、

$$《力と変位の積》=《位置エネルギーの変化》$$

が言える——？」

ミルカ「その通りだ」

テトラ「なるほど……なるほど。位置エネルギーとして、gh で

はなく mgh という量を考えることにします。そうすると位置エネルギーの変化 mgs は Fs という量に等しくなってくれます。m を掛けて複雑になったように見えるけれど、F を巻き込んで逆にシンプルになった——まだ完全ではありませんが、少し納得です！」

僕「式がシンプルになるのが納得ポイントなんだね」

テトラ「はい。シンプルになることには意味があると感じます」

僕「そうなんだ……ところでミルカさん。力と変位の積 Fs を出してきたというのは**仕事**を導入しているんだよね？」

ミルカ「そうだ」

5.3　仕事

テトラ「仕事……ですか？」

僕「いま出てきた Fs のことだよ」

テトラ「仕事——そういえば、中学校で習った記憶がありますが、よく覚えていません。《仕事》って普通に使う言葉ですけど、物理学の用語なんですよね？」

僕「そうだね」

テトラ「そのときの《仕事》は、英語で何と呼ぶんでしょう」

ミルカ「work」

テトラ「“work” って、そのまんま仕事（ワーク）なんですか！」

ミルカ「そのままだ」

僕「いま出てきた仕事 Fs をちゃんと書くとこうなるよ」

仕事（力が一定で、力と変位が同じ方向の場合）
質点に一定の力 F を掛け続けたところ、質点の位置が x_0 から x_1 に変化しました。このときの変位を $s = x_1 - x_0$ としたとき、力と変位の積、

$$Fs$$

を 力 F が質点に行った**仕事** といいます。

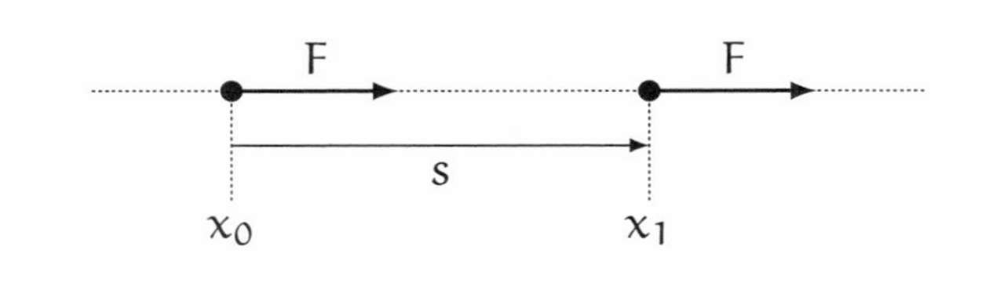

テトラ「これは仕事という用語の定義ですよね。力 F を掛けて質点が s だけ動いたときの Fs を仕事という……」

僕「そうだね。力が一定で、力と変位の方向が同じ場合の仕事」

テトラ「仕事は、力と変位の積……」

僕「だから、大きな力を掛けたとしても質点がまったく動かなかったら仕事は 0 といえるね」

テトラ「え？　……ああ、定義からはそうなりますね。まったく動かなかったら $s = 0$ なので、仕事 $Fs = 0$ ですから。でも、

重いものを持とうとして力を掛け続けたけど動かないことってありますよね。その場合でも仕事は0なんですか？ いくらくたびれても？」

僕「そうなんだ。それはすごく勘違いしやすいところ。僕たちが使っている日常的な《仕事》という言葉の意味に引きずられちゃだめ。Fs が仕事の定義なんだから」

テトラ「あたし、よく引きずられます……」

僕「仕事が負になることもあるよ。力とは逆向きに質点が動いた場合は、力が質点に行った仕事は負になるよね」

テトラ「マイナスの仕事！ 確かに $F > 0$ で $s < 0$ なら $Fs < 0$ になりますが、力と逆向きに質点が動くことなんてあるんですか？」

僕「よくあるよ。高いところにある荷物を下ろすとき、荷物が落ちないように手で上向きの力を掛けるけど、荷物は下向きに移動するよね」

テトラ「あっ、確かに……手が荷物に掛ける力は上向きですが荷物は下向きに動きます。納得しました」

僕「だから、一次元の運動の場合——

- 力 F と変位 s とが同じ向きなら、仕事は正になる（$Fs > 0$）
- 力 F と変位 s とが逆向きなら、仕事は負になる（$Fs < 0$）
- 力 F と変位 s の少なくとも片方が0なら、仕事は0になる（$Fs = 0$）

——ということだね。正負の掛け算そのままだ」

テトラ「仕事——物理学での仕事の定義は少し理解しました」

ミルカ「仕事——という用語が導入されたので、先ほどの準静的な移動の話を仕事を使って表現できる」

テトラ「質点を静かに持ち上げるお話ですね」

ミルカ「質点に力 $F = mg$ を掛けて 0 から s まで持ち上げたので、変位は s だ。したがって、持ち上げる力 F は質点に対して仕事 Fs を行った。$F = mg$ から $Fs = mgs$ がいえるので、

《持ち上げる力が質点に対して行った仕事 Fs》と、
《質点が持つ位置エネルギーの変化 mgs》とは、
等しい

と表現できる」

僕「力が 質点にした仕事 の分だけ、質点の位置エネルギー が増えたわけだね」

テトラ「ちょ、ちょっとお待ちください！　毎度毎度確認ですみませんが、いま、新たな物理法則は導入していませんよね？」

ミルカ「導入していない」

僕「新たな物理法則って？」

テトラ「《力が質点にした仕事の分だけ、質点の位置エネルギーが増える》という物理法則を、《物理学の世界》から持ち込んだわけではありませんよね？」

僕「ああ、なるほど。うん、テトラちゃんの言う通り。《質点にした仕事の分だけ、質点の位置エネルギーが増える》は、数学

的に導いた結果だね」

テトラ「はい。だったら納得です。質点に掛かる重力の大きさが mg なのは、万有引力の法則から来たものです。準静的な移動なので質点に掛けた力は $F = mg$ になります。位置エネルギーの変化が mgs なのは、位置エネルギーの定義と変位が s であることからいえます。仕事が Fs なのは、定義です。以上のことから、数学的に $Fs = mgs$ になるので、それを物理的に解釈すると《持ち上げる力が質点にした仕事の分だけ、質点の位置エネルギーが増える》と言えたんです！」

僕「テトラちゃん……テトラちゃんの理解力はすごいなあ」

テトラ「き、恐縮です」

ミルカ「ここまで来たならもっと楽しもう。今度は運動エネルギーに注目する」

ミルカさんが急に前のめりになった。

テトラ「は、はい……」

5.4　運動エネルギーに注目

ミルカ「さっきは、準静的な移動によって速度 v の変化を抑えて運動エネルギー $\frac{1}{2}mv^2$ の変化を 0 にし、質点に掛ける力が行う仕事をすべて位置エネルギーの変化に割り振った」

僕「そうだね」

ミルカ「今度は高さ h の変化を 0 に抑えて位置エネルギーの変

化を 0 にし、質点に掛ける力が行う仕事をすべて運動エネルギーの変化に割り振ってみよう」

そこで、テトラちゃんがさっと手を挙げる。質問のしるしだ。

テトラ「力学的エネルギーは、運動エネルギーと位置エネルギーの和ですよね。

力学的エネルギー ＝ 運動エネルギー ＋ 位置エネルギー

質点に行った《仕事》が位置エネルギーになったり、運動エネルギーになったりするということは、もしかして、《仕事》は、力学的エネルギーの変化になるんですか？」

ミルカ「その通りだ」

僕「そうだね！」

ミルカ「高さの変化を 0 に抑えたこの問題をテトラは解ける」

問題 5-1（仕事と運動エネルギー）
滑らかな水平面上に質量 m の質点があります。初期位置は x_0 とし、初速度 v_0 で x 軸の正の向きに運動しています。この質点に、大きさと向きが一定の力 F を掛け続けます。力の向きは x 軸の正の向きです。質点が位置 x_1 まで移動したときの速度を v_1 とします。$s = x_1 - x_0$ としたとき、力がこの質点に与えた仕事 Fs を質量 m と速度 v_0, v_1 で表してください。

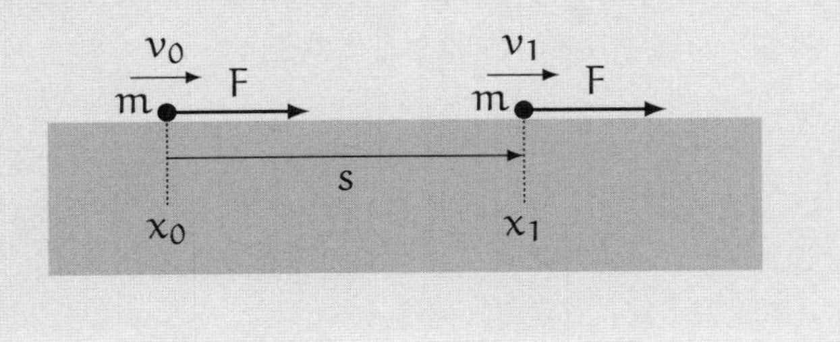

テトラ「あたしは、この問題を解ける……やってみます！」

テトラちゃんは、大きく頷いてから計算を始めた。
僕は暗算に挑戦したけど、結局ノートに書くことにした。
しばらく、静かな時間が過ぎる。

テトラ「……あたし、できたと思います。こんなふうに考えを進めました。聞いていただけますか？」

ミルカ「もちろん」

テトラ「あたしは《とにかく時刻を求めよう》と思いました。時刻さえわかれば、何でもわかるからです」

ミルカ「ふむ」

テトラ「動かし始めた時刻を 0 として、位置 x_1 にたどり着いた時刻を求めます。位置は x_0 から x_1 まで動きましたが、x_0 を原点とします。$x_0 = 0$ とすれば、$x_1 = s$ になって文字を減らせるからです……だ、大丈夫ですよね？」

僕とミルカさんは黙って頷いた。

テトラ「《与えられているもの》はたくさんあります。でも、その意味は全部わかります。m は質量、F は力、s は移動後の位置で、v_0 は初速度、v_1 は移動後の速度です」

僕「うん」

テトラ「《求めるもの》は、Fs です。それでですね、あたしが使える武器は、もちろんニュートンの運動方程式 $F = ma$ です。これを使えば、質点の加速度 a を、

$$a = \frac{F}{m}$$

と表せます。力 F は一定で、m も時刻で変化しませんから加速度 a は定数です。つまり、等加速度運動です！　初期位置が $x_0 = 0$ で初速度が v_0 ですから、時刻で積分して――

$$\begin{cases} \text{加速度}\, a &= \frac{F}{m} \\ \text{速度}\, v &= at + v_0 &= \frac{F}{m}t + v_0 \\ \text{位置}\, x &= \frac{1}{2}at^2 + v_0t + x_0 &= \frac{1}{2} \cdot \frac{F}{m}t^2 + v_0t &= \frac{F}{2m}t^2 + v_0t \end{cases}$$

――となります。位置 x が時刻 t で表されましたから、質点が位置 s に来たときの時刻が計算できます。

$$s = \frac{F}{2m}t^2 + v_0 t$$

こういう方程式を解けばいいからです」

ミルカ「……」

テトラ「で、ですよね？」

ミルカ「確認せずに先に進んでかまわないよ、テトラ」

テトラ「は、はい……この方程式を満たす t を求めようと思ったのですが、

t を s で表す

のではなく、

t を v で表す

方がいいのではと気付きました」

僕「うんうん！」

テトラ「これは、さっきミルカさんが計算した連立して t を消す方法と同じです（p. 184）。時刻 t での速度は $v = at + v_0$ ですから――」

◎ ◎ ◎

時刻 t での速度は $v = at + v_0$ ですから、位置 s に来て速度が v_1 になったときの時刻を t_1 とすると、

$$v_1 = at_1 + v_0$$

がいえます。この式から t_1 を v_1 で表すと、

$$t_1 = \frac{v_1 - v_0}{a}$$

になります。これを、

$$s = \tfrac{1}{2}at_1^2 + v_0t_1$$

に代入します。すると、

$$s = \frac{a}{2}\left(\frac{v_1 - v_0}{a}\right)^2 + v_0\left(\frac{v_1 - v_0}{a}\right)$$

となります。両辺に a を掛けて整理すると、

$$as = \tfrac{1}{2}(v_1 - v_0)^2 + v_0(v_1 - v_0)$$

になります。右辺を展開して計算しますと……

$$\begin{aligned} as &= \tfrac{1}{2}(v_1 - v_0)^2 + v_0(v_1 - v_0) \\ &= \tfrac{1}{2}(v_1^2 - 2v_1v_0 + v_0^2) + (v_0v_1 - v_0^2) \\ &= \tfrac{1}{2}v_1^2 - \tfrac{1}{2}v_0^2 \end{aligned}$$

……になります。これで、

$$as = \tfrac{1}{2}v_1^2 - \tfrac{1}{2}v_0^2$$

になりました。ここで！　両辺に！　m を！　掛けますっ！　そうすれば左辺は mas で、ニュートンの運動方程式 $F = ma$ を使って $mas = Fs$ となります。

$$\begin{aligned} mas &= \tfrac{1}{2}mv_1^2 - \tfrac{1}{2}mv_0^2 \\ Fs &= \tfrac{1}{2}mv_1^2 - \tfrac{1}{2}mv_0^2 \end{aligned}$$

できました！　これで――

◎ ◎ ◎

テトラ「これで、力 F が質点を位置 s まで動かしたときの仕事が、運動エネルギーの変化に等しくなっています！」

$$Fs = \frac{1}{2}mv_1^2 - \frac{1}{2}mv_0^2$$

ミルカ「正しい」

> **解答 5-1**（仕事と運動エネルギー）
>
> $$Fs = \frac{1}{2}mv_1^2 - \frac{1}{2}mv_0^2$$

テトラ「おもしろいです！」

僕「何を考えたかを整理したくなるね。僕たちは Fs で仕事を定義した。すると——

- 運動エネルギーが一定の移動では、
  質点に行った仕事 Fs は位置エネルギーの変化になる。
- 位置エネルギーが一定の移動では、
  質点に行った仕事 Fs は運動エネルギーの変化になる。

仕事が力学的エネルギーの変化になることがわかったね」

テトラ「本当ですね……」

ミルカ「運動エネルギーと重力による位置エネルギーの両方が変化している場合を示していないが、それはすぐに示せる[*1]。

[*1] 第 5 章末の問題 5-4 参照（p. 255）。

ともかく、質点に対して力が仕事をすると、その仕事の分だけ質点が持つ力学的エネルギーが変化する。これは、いま考えている範囲では正しい」

テトラ「まるで仕事は力学的エネルギーと同じもののように思えてきます。だって、質点に仕事をすると質点が持つ力学的エネルギーが増加するからです」

僕「仕事と力学的エネルギーは物理量としては同じだけど、意味が違うよね。力学的エネルギーは質点が持っている物理量だけど、仕事は質点が持っているわけじゃないから。質点が仕事を与えられたら、力学的エネルギーは増加する。ちょうど、収入があると貯金が増えるみたいなものだよ。収入も貯金もどちらもお金なんだけど、収入は入ってくるお金で、貯金は持っているお金」

テトラ「あっ、わかりました。与えられた仕事は収入で、持っている力学的エネルギーは貯金。すごくわかります！」

僕「負の仕事は貯金からの支出といえる。だから、仕事を考えるときには《何の力が何に対して行った仕事か》を明確にしないとまずいよね。たとえば質点を持ち上げるとき《重力に抗する手の力が質点にした仕事》と《重力が質点にした仕事》では正負が反転してしまう」

テトラ「それにしても、力と変位の積という仕事 Fs が、力学的エネルギーの変化になるというのは興味深いです。m を掛けて式がシンプルになるだけではなく、仕事 Fs は価値のある概念なんですね」

僕「価値のある概念——待てよ。《不変なものには名前を付ける価値がある》はここでも使えるのかな。もしかして、積 Fs に対する何らかの不変性が――」

ミルカ「ある。**仕事の原理**だ」

僕「ああ！」

5.5　仕事の原理

テトラ「仕事の原理……？」

ミルカ「簡単な道具を使っても仕事は増減しないという原理だ。たとえば、**テコ**を考えよう。テコを使えば力の大きさを変えることができる。だからこそ、重いものを持ち上げるときにはテコを使う」

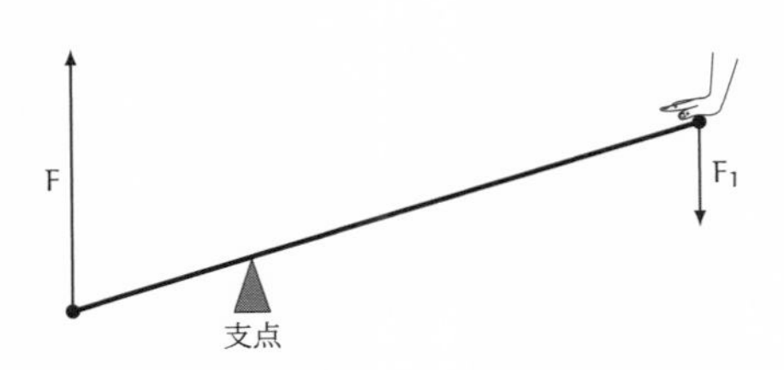

テコ

テトラ「でも力 F が変わったら、仕事 Fs も変わりますよね？」

ミルカ「たとえば力が r 倍になったときは変位が $\frac{1}{r}$ 倍になるから、仕事は変わらない」

テトラ「支点からの比率が……ええと……」

僕「具体的に考えようよ。テコの支点から距離 L_1 のところに手で F_1 の力を掛けると、F の力が出せるとする。このとき支点から距離 L での力 F は、

$$F = \frac{L_1}{L}F_1$$

になるよね」

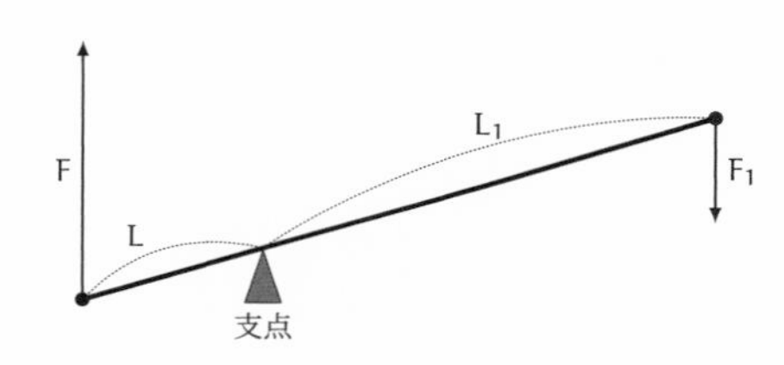

テトラ「はい、そうですね。L_1 が L の 3 倍の長さなら、F は力 F_1 の 3 倍になります」

僕「手を s_1 だけ動かしたときに反対側の変位 s は、

$$s = \frac{L}{L_1}s_1$$

になる」

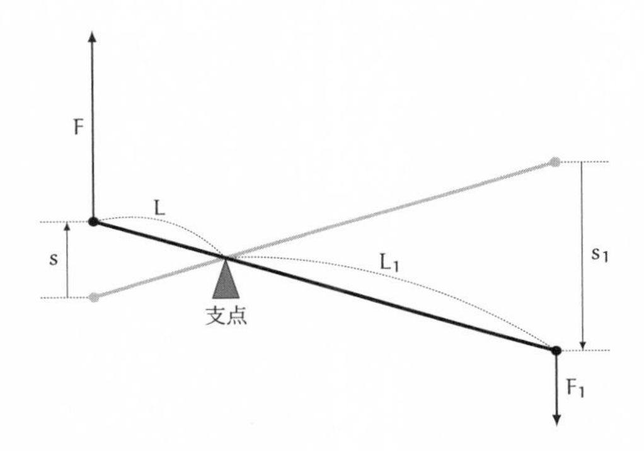

テトラ「今度は逆ですね。L_1 が L の 3 倍の長さなら、s は移動距離 s_1 の $\frac{1}{3}$ 倍になりますね。確かに、

$$Fs = \underbrace{\left(\frac{L_1}{L}F_1\right)}_{=F}\underbrace{\left(\frac{L}{L_1}s_1\right)}_{=s} = F_1s_1$$

で、$Fs = F_1s_1$ は一定になります。テコで仕事は不変です！これはテコの原理ですね！」

ミルカ「テコの原理は仕事の原理の一種だ。仕事が一定なのはテコを使ったときに限らない。動滑車を使っても、輪軸を使っても……つまり力を伝えたり、向きや変位を変える道具を使っても、より大きな仕事をすることはできない。掛けた力と変位の積、つまり仕事は変化しないのだ。仕事と名前を付ける価値は確かにある。仕事の原理は、剛体(ごうたい)の力学で考えれば証明できるし、もちろん実験的にも確かめられる」

テトラ「gh に m を掛けるだけで力と変位の積が作れて、仕事 Fs というおもしろいものが出てきましたっ！」

テトラちゃんの興奮気味の声に、ミルカさんの目が光る。
どうやら、ミルカさんのスイッチが入ったようだ。

5.6 別ルートへ

ミルカ「テトラは力学的エネルギー保存則の自然な発見を考えていた。それは問題ない。しかし m を掛けるかどうかに意識が向いてしまって、位置エネルギーから仕事 Fs を作らねばならないように見えたかもしれない。ここで別ルートへ行こう。これまでは、

《位置エネルギー》→《仕事》

の順序で話を進めてきた。これからは、

《仕事》→《位置エネルギー》

という順序で話を進める。別ルートと言ったが、こちらが本来のルートだ。仕事を定義して、そこから位置エネルギーを定義する」

テトラ「でも、位置エネルギーは mgh なんですよね？」

ミルカ「重力による位置エネルギーは mgh だ。そしてそう定義して話を始めるのも誤りではない。しかし、困る点もある」

テトラ「困る点？」

ミルカ「そのように mgh から話を始めると、重力以外の力による位置エネルギーを考える手がかりがない点だ」

テトラ「重力以外の力！」

ミルカ「手は、重力に抗する力をボールに掛け、ボールを高い位置に移動した。そこで手を離せば、重力はボールを落とす。つまり重力という力がボールに掛かって位置を変化させた。

重力は、ボールに対して仕事をした

ことになる。どうして重力がボールに対して仕事をできたかというと、高い位置にあったからだ。つまり、

ボールが、重力による位置エネルギーを持っている状態

というのは、

重力が、ボールに対して仕事を潜在的に行える状態

という意味になる。潜在的にと表現したのは、手を離して初めて重力は仕事をするからだ」

テトラ「は、はい。おっしゃっていることはわかります。持ち上げたボールは手を離すまでじっとそこにありますから」

ミルカ「《高いところにあるボールは、重力による位置エネルギーを持っている》というのは、位置エネルギーを使った表現だ。《重力は、高いところにあるボールに対して仕事を潜在的に行える》というのは、仕事を使った表現だ。仕事をする能力を潜在的に持つという意味を込めて、位置エネルギーのことを**ポテンシャルエネルギー**ともいう」

テトラ「“potential”(潜在的な)……なるほど。重力がボールに対して仕事を行う能力を潜在的に持つこと、それを、ボールが位置エネルギーを持つと表現するのですね」

ミルカ「そうだが、仕事を行う《能力》という表現には注意が必要だ。その《能力》は仕事を行ったら減っていく。重力がボールに仕事をしたなら——つまり、ボールの高さが低くなったら——その分だけ《能力》は減る。潜在的能力は、落ちた分だけ減るのだ。そこには注意が要る」

テトラ「あ、はい。それは大丈夫です」

ミルカ「仕事を使って位置エネルギーを定義しよう。もちろんその定義を重力に当てはめるならば mgh と一致する」

テトラ「わかりました」

ミルカ「ただし、その前に仕事を一般化しておかなくては」

テトラ「仕事を一般化？　Fs からですか？」

ミルカ「そうだ。仕事が Fs なのは、力と変位の方向が同じで、力が一定の場合だ。そこで、仕事を一般化するポイントは二つ」

ミルカさんは指を二本立てる。

①力と変位の方向が異なる場合の仕事
②力が変化する場合の仕事

僕「なるほどなあ……そういうふうに話が展開するんだ」

5.7　① 力と変位の方向が異なる場合の仕事

ミルカ「力と変位の方向が同じなら、仕事は《力と変位の積》として定義できる。では、力と変位の方向が異なるときにどうするか。たとえば、こんなとき」

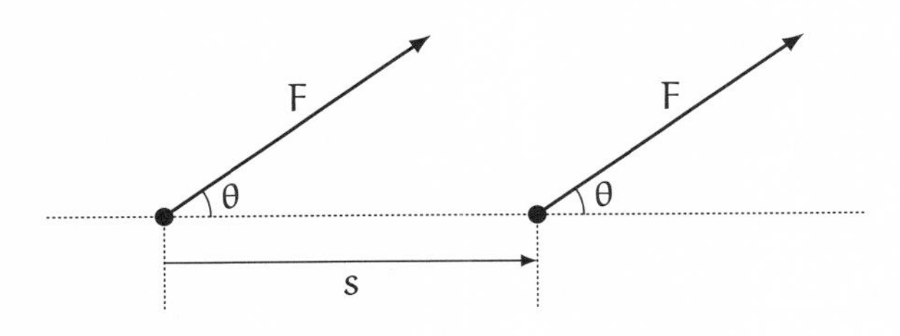

僕「力の**成分**を考えればいいよね」

ミルカ「そうだな。ここでは変位と力のなす角を θ としたから、$F\cos\theta$ を考えれば、力と変位の方向を合わせられる。これで、力と変位の方向が同じ場合に帰着できた」

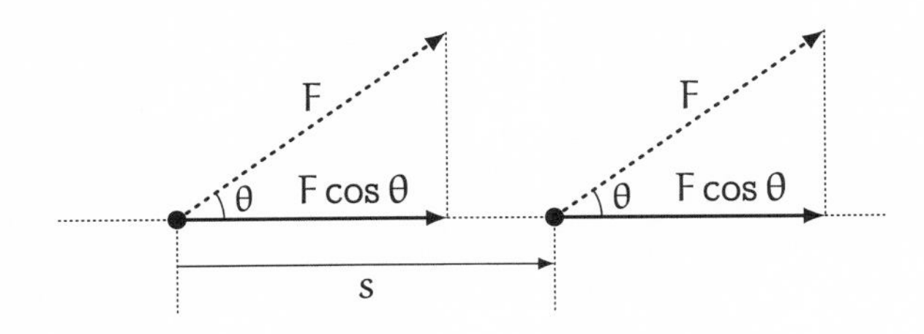

テトラ「なるほどです。F に $\cos\theta$ を掛けて $F\cos\theta$ を仕事に関わった力とするのですね。力の x 成分です」

僕「うん、でも x 成分というよりも変位の方向に対する成分だよね。座標軸の向きは関係なくて、力と変位の相対的な向きの問題だから」

テトラ「そうですね。確かに」

ミルカ「力と変位の相対的な向きを考慮して積を求める。つまり、力と変位を**ベクトル**として考え、仕事を**ベクトルの内積**として定義しているわけだ」

テトラ「ベクトルの内積！」

ミルカ「二つのベクトル $\vec{a}$ と $\vec{b}$ の内積・は、

$$\vec{a} \cdot \vec{b} = |\vec{a}||\vec{b}| \cos\theta$$

として定義される。θ は二つのベクトルのなす角だ」

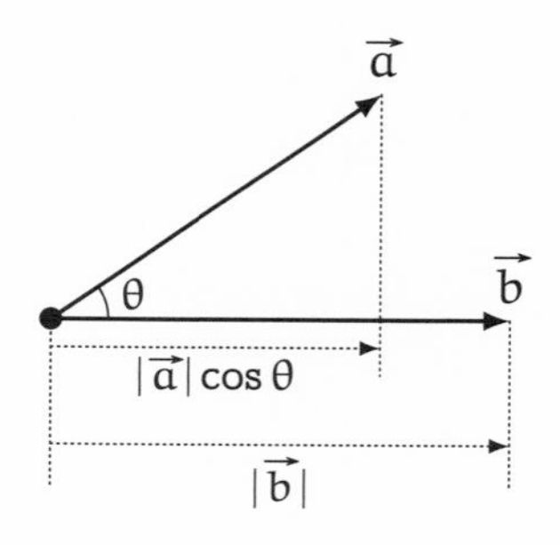

僕「うん。力 F と変位 s の両方をベクトルとして考えると、力 $\vec{F}$ と変位 $\vec{s}$ の内積は、定義から、

$$\vec{F} \cdot \vec{s} = |\vec{F}||\vec{s}| \cos\theta$$

になるけど、これはまさに僕たちが仕事として使いたい値になってる。ぴったりだ」

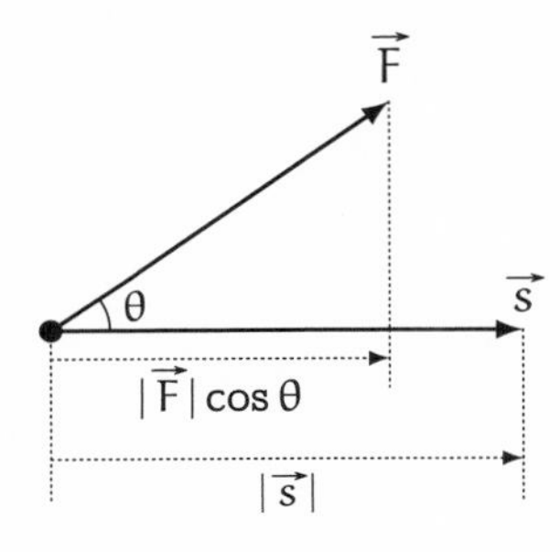

テトラ「そういえば、内積 $\vec{a}\cdot\vec{b}$ は、$\vec{a}$ の影 $|\vec{a}|\cos\theta$ と、$\vec{b}$ の大きさ $|\vec{b}|$ との積ですよね。思い出しました[*2]……あっと、ちょっとお待ちください。$\vec{F}$ が $|\vec{F}|$ になるところがわかりません。これだと仕事はいつも 0 以上になりませんか？」

僕「$|\vec{F}|$ と $|\vec{s}|$ の積が大きさを担(にな)っていて、$\cos\theta$ のところが符号を担っているから大丈夫だよ。$\cos\theta$ は $90^\circ < \theta \leqq 180^\circ$ で負になるから」

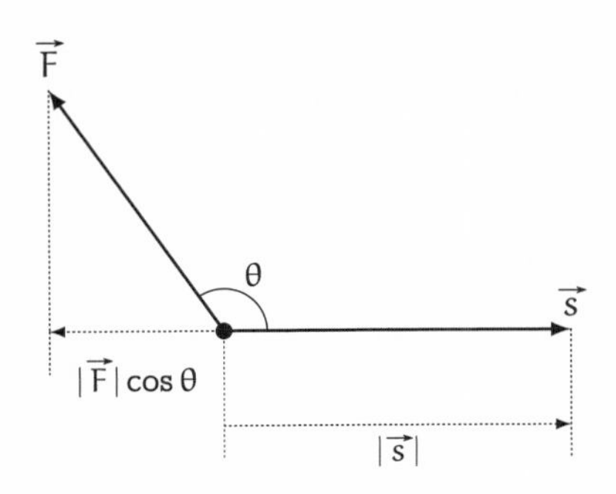

テトラ「$\cos\theta < 0$ の場合があるのを忘れていました……」

---

*2 『数学ガールの秘密ノート／ベクトルの真実』参照。

僕「力と変位の方向が同じときに、仕事 Fs の正負について考えたのと同じように考えられるよ（p. 201）。数の積 Fs をベクトルの内積 $\vec{F}\cdot\vec{s}$ に拡張した感覚だね」

- $0^\circ \leqq \theta < 90^\circ$ なら、$\cos\theta > 0$ より $\vec{F}\cdot\vec{s} > 0$
- $90^\circ < \theta \leqq 180^\circ$ なら、$\cos\theta < 0$ より $\vec{F}\cdot\vec{s} < 0$
- $\theta = 90^\circ$ なら、$\cos\theta = 0$ より $\vec{F}\cdot\vec{s} = 0$

テトラ「理解しました！　確かに $\cos\theta$ が符号を担ってます！」

仕事（力が一定で、力と変位の方向が異なる場合）
質点に力 $\vec{F}$ を掛け続けたところ、質点の位置が $\vec{x_0}$ から $\vec{x_1}$ に変化しました。このときの変位を $\vec{s} = \vec{x_1} - \vec{x_0}$ としたとき、力 $\vec{F}$ と変位ベクトル $\vec{s}$ の内積、

$$\vec{F}\cdot\vec{s} = |\vec{F}||\vec{s}|\cos\theta$$

を力 F が質点に行った**仕事**といいます。

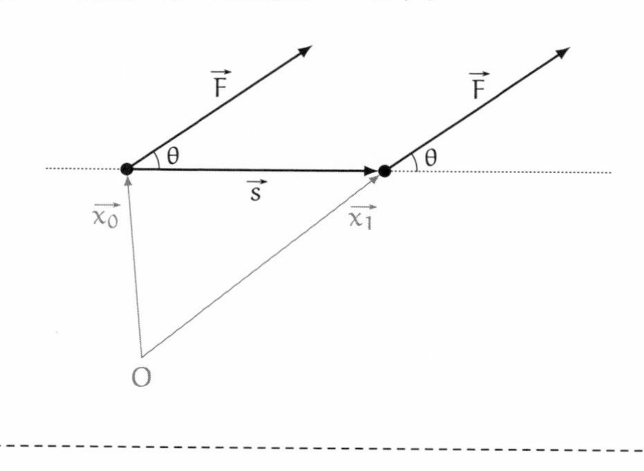

僕「この定義だと、変位と垂直に掛かる力は、質点に仕事をしないということもわかるね。$\cos 90^\circ = 0$ だから」

テトラ「力が掛かっていても、仕事が 0 のことがある……そうですね。力の変位方向の成分が 0 ですから」

5.8 ② 力が変化する場合の仕事

ミルカ「力が変化する場合の仕事を考えよう」

僕「これは、積の代わりに**積分**すればいいんだよね。力と変位の積 Fs の代わりに、力を位置で積分すればいい」

テトラ「時刻で積分するんじゃなくて位置で積分？」

僕「それはグラフの面積で考えればすぐわかるよ。掛け算は積分の特殊な場合だから。《位置と力のグラフ》を描くと、たとえば力が一定のときはこうだよね」

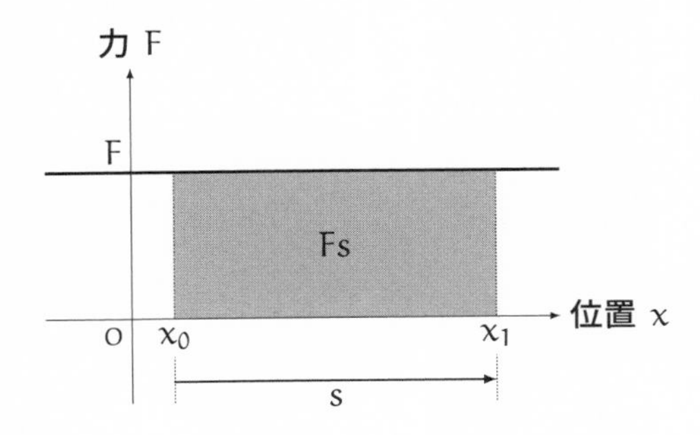

テトラ「ああ、横軸は位置ですものね……」

僕「もしも力が変化するなら、面積を求めるのは積分することになる。基準となる点 x_0 から x_1 までの積分だね」

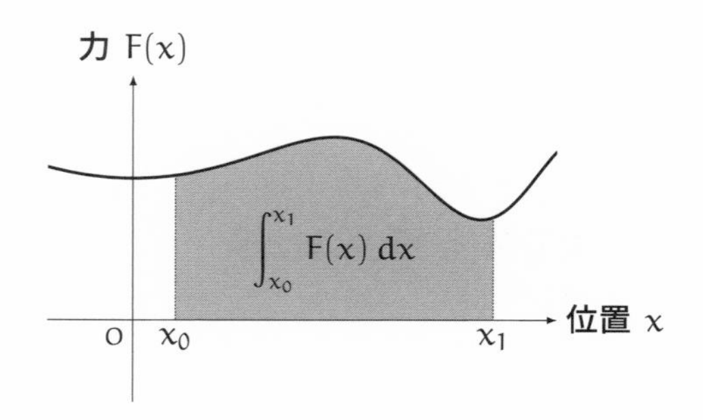

テトラ「なるほどです」

僕「おもしろいよねえ。積分は符号付きの面積であると考えれば、負の仕事もちゃんと扱えるし。だから、

$$\int_{x_0}^{x_1} F(x)\,dx$$

が仕事の定義だね。これもまた、Fs という積を拡張しているのがよくわかる。力を位置で積分したものが仕事なんだね」

ミルカ「さあ、そこが考えどころだ」

僕「え？」

5.9　仕事

ミルカ「君は、力を位置で積分して仕事を定義した。そこでさりげなく力を F(x) と書いた。ということは、質点に掛かる力

が位置 x の関数であると考えているわけだ」

僕「うん、位置 x が決まれば力が一つ決まるから $F(x)$ と書いたよ」

ミルカ「しかし、一般に力は位置の関数とは限らないし、そのとき $F(x)$ という表記は意味をなさない」

僕「うっ、確かにそうだね……」

ミルカ「さらに、いま私たちは仕事を一般化しているのだが、位置が x_0 から x_1 まで変化したときの仕事……という表現自体が怪しくなる。なぜなら、力と変位の積という仕事を一般化するときには、位置が x_0 から x_1 までどんな経路で変化したかが問題になるからだ」

僕「そうだった……思い出したよ」

テトラ「どんな経路で変化したか……という部分がわかりません」

ミルカ「位置 x_0 から x_1 まで移動したといっても、移動の経路はさまざまな場合がありうる。寄り道せずにまっすぐ移動するかもしれないし、途中でうろうろするかもしれないし、速度が変化するかもしれない。変位だけでは経路は決まらない。質点に力を掛けて動かすときの仕事を積分で定義したいのだが、積分値は一般に経路に依存してしまう」

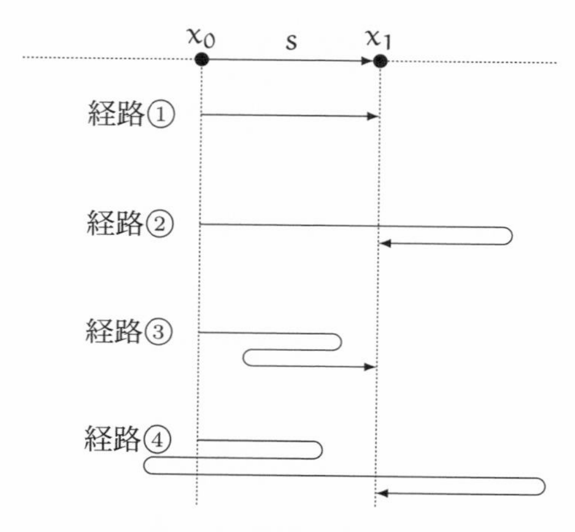

位置 x_0 から x_1 まで移動するさまざまな経路

テトラ「だとしたら、どうやって仕事を定義するんでしょう」

ミルカ「仕事は、経路を考慮して定義することになる。質点の位置を $\vec{r}$ で表す。スタートの位置ベクトル $\vec{r} = \vec{x_0}$ と、ゴールの位置ベクトル $\vec{r} = \vec{x_1}$ と、その間の経路 C が与えられたとする。その経路上の位置を微小な時間 Δt で細分化して多数の素片からなる折れ線 Γ（ガンマ）を作る。そして、その折れ線 Γ での k 番目の力ベクトル $\vec{F_k}$ と変位ベクトル $\Delta\vec{r_k}$ の内積を求め、折れ線 Γ 全体での総和を求める。

$$\sum_{\Gamma} \vec{F_k} \cdot \Delta\vec{r_k}$$

その上で $\Delta t \to 0$ とし、この総和の極限を求める。これは経路 C にそった**線積分**と呼ばれる積分になり、

$$\int_C \vec{F} \cdot d\vec{r}$$

と表現する。これが、一般化した仕事の定義だ」

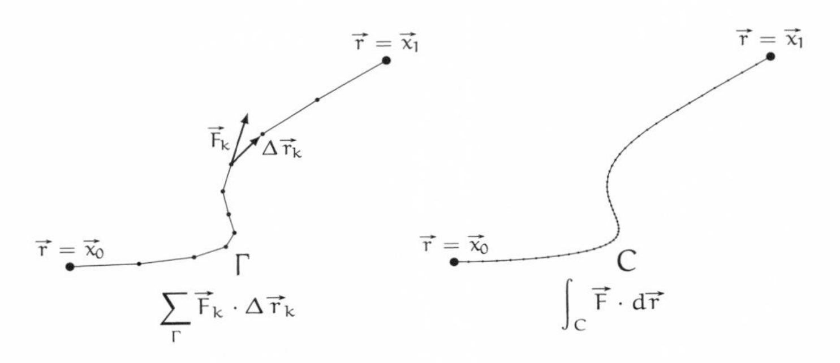

仕事

力 $\vec{F}$ が掛かった質点が、位置 $\vec{r} = \vec{r}_0$ から位置 $\vec{r} = \vec{r}_1$ まで経路 C に添って移動するとき、線積分

$$\int_C \vec{F} \cdot d\vec{r}$$

を、その力が質点に行った**仕事**といいます。

ミルカ「線積分を使ってこのように定義した仕事は、一般の力について使えるし、三次元空間の運動にも使える。ここからおもしろくなるところだ。**保存力が行う仕事**に話を進めよう」

5.10 保存力が行う仕事

テトラ「ちょ、ちょっと数式がつらくなってきました……」

ミルカ「ふむ。では数式は一次元に絞ろうか。さっきから話しているように、仕事を考える上では位置 x_0 から位置 x_1 まで移動する際の経路が重要になる。積分値は経路によって変わるかもしれないからだ。しかし、私たちはいま、さっき君が定義しようとした、

$$\int_{x_0}^{x_1} F(x)\,dx$$

という積分の値が定まるような力に注目しよう。x_0 と x_1 という二つの位置を決めればどんな経路を通って積分しても値が等しくなる――私たちはそういう種類の力に関心がある。そんな力を**保存力**という」

仕事（仕事が経路に依存しない場合）
質点が位置 x にあるときに力 $F(x)$ が掛かるとします。任意の位置 x_0 から x_1 までに質点に掛かった力を位置で積分した値が、経路に依存せず定まるとき、力 $F(x)$ を**保存力**といいます。また、

$$\int_{x_0}^{x_1} F(x)\,dx$$

を、保存力 $F(x)$ が質点に行った**仕事**といいます。

僕「保存力で、位置エネルギーが定義できるんだよね」

ミルカ「そうだ。力が保存力であるとき、すなわち、積分値が経路によらず二つの位置で定まるとき、仕事を使って位置エネ

ルギーが定義できる。私たちはこれから仕事を使って位置エネルギーを定義する。《保存力が質点に行った仕事》の分だけ減少するものとして《位置エネルギー》を定義するのだ」

テトラ「お、お待ちくださいっ！　テトラが置いてけぼりになっていますっ！　あ、あの……保存力でテトラは混乱しています。力にはいろんな種類があるということでしょうか。手から来る力なのか、機械から来る力なのか、のように」

ミルカ「そのような由来が問題なのではない。力は向きと大きさを持つ。力の向きと大きさがどんな性質を持っているかだけが問題だ」

テトラ「ほ、保存力の具体例を……」

ミルカ「たとえば**重力**は保存力だ。質点に掛かる重力は、鉛直下向きで質量 m に比例した大きさ mg になる。そして重力が質点に行う仕事は経路に依存しない」

僕「実際に積分しようよ。重力 $F(x) = -mg$ が質点を x_0 から x_1 まで動かすとき、重力が質点に行う仕事は、

$$
\begin{aligned}
\int_{x_0}^{x_1} F(x)\,dx &= \int_{x_0}^{x_1} (-mg)\,dx \\
&= \Bigl[-mgx\Bigr]_{x_0}^{x_1} \\
&= -mgx_1 + mgx_0
\end{aligned}
$$

だよね」

テトラ「ははあ……確かにスタート位置 x_0 とゴール位置 x_1 で決まりますね」

僕「その他に、たとえば**万有引力**も保存力だよ」

テトラ「でも、それって、どんな力でも言えることじゃないんでしょうか。保存力ではない具体例を何か……」

ミルカ「最もわかりやすい非保存力は**動摩擦力**(どうまさつりょく)だ。滑らかではない地面で物体を引きずるとき、手は動摩擦力に抗した力を出す必要がある。動摩擦力の大きさは、地面の滑らかさや物体の質量で決まる。しかし動摩擦力の向きは、変位とは逆向きになる。だから動摩擦力はそもそも位置の関数ではない」

テトラ「……移動する向きと逆向きに摩擦力が働くのは想像できます。ずるずる荷物を引きずるようなものです。でも、どの位置でも一定の大きさなんですよね。だったら、重力と同じく位置の関数といえそうです」

僕「どの位置でも大きさは一定だけど、向きは一定じゃないよ、テトラちゃん。右に動かすときと左に動かすときでは動摩擦力は逆向きになる。だから位置を一つ決めても、動摩擦力は一つに決まらないんだね」

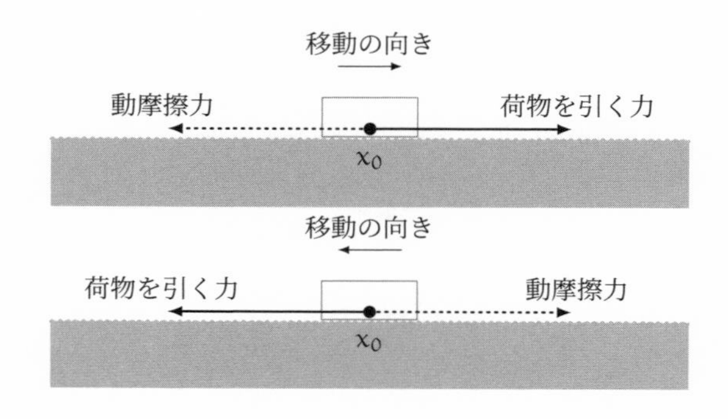

テトラ「あっ！ 向き！ 確かに向きは違いますね……」

ミルカ「あちこち動いた後にスタート位置に戻ってくることを考えるとわかりやすい。二つの位置だけで積分値が決まるなら、スタート位置に戻ってきたら 0 になるはず。変位が 0 だからだ。しかし、動摩擦力と変位は常に逆向きだから、少しでも動いたら動摩擦力が行った仕事は負になる。そして動けば動くほど 0 から遠ざかり、決して 0 にはならない。だから、動摩擦力は保存力ではない。荷物を引きずる手の力の方は、動けば動くほど大きな仕事を荷物に行うことになる」

テトラ「荷物を引きずってごそごそと動かしたら、手の力は荷物に仕事をしていますよね。でも、手を離すと荷物は止まりますから運動エネルギーは増えていません。高さも同じですから重力による位置エネルギーも増えていません。では、手がした仕事はどうなったんでしょう」

ミルカ「その仕事は、**熱エネルギー**という他のエネルギーになって荷物や地面をわずかに温めた。ごそごそ、という音がしたのなら、**音のエネルギー**にもなった」

テトラ「他のエネルギー！ なるほど、納得です！」

納得ですと叫んだのも束の間、テトラちゃんは首をかしげてノートをめくり、何かをまた考え始めた。

テトラ「……力が位置の関数になっていて、しかも経路によらず積分値が位置だけで決まる力が保存力である——というところまでは、何とかわかりますが、そもそも、どうしてそのような力を考えるんでしたっけ？」

そこで、ミルカさんが指を鳴らした。

ミルカ「保存力で、位置エネルギーを定義できるからだ」

◎　◎　◎

保存力で、位置エネルギーを定義できるからだ。

私たちはこれから《保存力が質点に行った仕事》の分だけ減少するものとして《位置エネルギー》を定義する。

簡単のために一次元で考えよう。

質量 m の質点に保存力 $F(x)$ が働いており、速度 v で運動しているときの運動エネルギーを K とする。

$$K = \frac{1}{2}mv^2$$

これを時刻 t で微分する。合成関数の微分 $\frac{d}{dt}(v^2) = 2v\frac{dv}{dt}$ に注意して計算すると、

$$\frac{dK}{dt} = \frac{d}{dt}\left(\frac{1}{2}mv^2\right) = mv\frac{dv}{dt}$$

になる。$\frac{dv}{dt}$ は加速度 a に等しいので、

$$\frac{dK}{dt} = mva = mav$$

になる。ニュートンの運動方程式から $F(x) = ma$ なので、$mav = F(x)v$ となり、

$$\frac{dK}{dt} = F(x)v$$

だ。ここで $v = \frac{dx}{dt}$ だから、

$$\frac{dK}{dt} = F(x)\frac{dx}{dt}$$

が成り立つ。任意の時刻 t_0 から時刻 t_1 まで積分すると、

$$\int_{t_0}^{t_1} \frac{dK}{dt}\,dt = \int_{t_0}^{t_1} F(x)\frac{dx}{dt}\,dt$$

となる。時刻 t_0, t_1 での運動エネルギーをそれぞれ $K(t_0), K(t_1)$ として左辺を計算する。

$$K(t_1) - K(t_0) = \int_{t_0}^{t_1} F(x)\frac{dx}{dt}\,dt$$

時刻 t_0, t_1 の位置をそれぞれ x_0, x_1 として右辺を計算する。

$$K(t_1) - K(t_0) = \int_{x_0}^{x_1} F(x)\,dx$$

この右辺は、質点に対して《保存力が行った仕事》だが、これを左辺に移項すると、

$$K(t_1) - K(t_0) - \int_{x_0}^{x_1} F(x)\,dx = 0 \qquad \cdots\cdots\heartsuit$$

となる。ここで私たちは保存力による《位置エネルギー》を表す関数 $U(x)$ を定めたい。《保存力が行った仕事》の分だけ減少する関数にしたいので、

$$-\int_{x_0}^{x_1} F(x)\,dx = U(x_1) - U(x_0)$$

を満たすようにしたい。$F(x)$ が保存力であることから、これを満たす関数 $U(x)$ は存在する。要するに、$-F(x)$ の原始関数の一つだ。$U(x)$ を使えば、$\heartsuit$ は、

$$K(t_1) - K(t_0) + U(x_1) - U(x_0) = 0$$

と書ける。すなわち、

$$K(t_1) + U(x_1) = K(t_0) + U(x_0)$$

がいえることになる。これはうれしい結果だ。
　何がうれしいと思う？

◎　◎　◎

ミルカ「何がうれしいと思う？」

テトラ「これは、**保存量**の発見ですっ！

$$K(t) + U(x)$$

という量はいつでも一定になります！　不変ですっ！」

ミルカ「まさに、そうだ」

テトラ「ミルカさん、ミルカさん！　$U(h)$ は位置エネルギー mgh ですよね？　だって、

$$K(t) + U(h) = \frac{1}{2}mv^2 + mgh$$

と考えれば、力学的エネルギー保存則ですから！」

ミルカ「その通りだ。私たちは関数 $U(x)$ を、位置で定まる位置エネルギーと名付ける。重力を考えたときは、$U(h) = mgh$ は重力による位置エネルギーを表している」

テトラ「重力以外による位置エネルギーは？」

ミルカ「保存力 $F(x)$ を位置で積分して符号を反転することで $U(x)$ を求める。つまり、保存力が $F(x)$ のとき、

$$-\int_{x_0}^{x_1} F(x)\,dx = \ ?$$

という積分を計算する。保存力であることから、

$$-\int_{x_0}^{x_1} F(x)\,dx = U(x_1) - U(x_0)$$

なる関数 $U(x)$ が存在する。これが保存力 $F(x)$ から位置エネルギー $U(x)$ を求める方法となる。保存力でなければ位置エネルギーは定義できない。そして――質点に対して仕事をしている力が保存力ならば、力学的エネルギーは保存する」

位置エネルギー

保存力 $F(x)$ に対して、位置 x の関数 $U(x)$ が、

$$-\int_{x_0}^{x_1} F(x)\,dx = U(x_1) - U(x_0)$$

を満たすとき、$U(x)$ を保存力 $F(x)$ による位置エネルギーという。

僕「保存力という名前で混乱したのを覚えているよ。《保存力は力学的エネルギー保存則が成り立つ力である》という主張を保存力の定義だと誤解すると、当たり前のことを言ってるように感じるから。《保存力は力学的エネルギー保存則が成り立つ力である》は保存力が持つ性質なんだよね」

ミルカ「保存力だけが仕事をするとき、力学的エネルギーは変化しない。これは当然の性質になる。

- 保存力であれ非保存力であれ、力が質点に仕事をすると、その分だけ運動エネルギーは増加する。このことは、ニュートンの運動方程式から導ける。
- 保存力が質点に仕事をすると、その分だけ位置エネルギーは減少する。なぜなら、そうなるように位置エネルギーを定義したからだ。

質点に仕事をする力が保存力しかないならば、力学的エネルギーは変化しない。なぜならば、力学的エネルギーは運動エネルギーと位置エネルギーの和であり、運動エネルギーが増加した分だけ、位置エネルギーが減少するからだ」

僕「保存力は知ってたつもりだったけど、ようやくイメージがはっきりしたかも」

テトラ「保存力 $F(x)$ がわかれば、位置エネルギー $U(x)$ が求められる――なるほどこれで、重力による位置エネルギー mgh 以外の位置エネルギーも求められるわけですね」

僕「念のために重力の場合を確かめておこうよ」

テトラ「高さ x に掛かる重力は一定で $F(x) = -mg$ なので……

$$
\begin{aligned}
-\int_{x_0}^{x_1} F(x)\,dx &= -\int_{x_0}^{x_1} (-mg)\,dx \\
&= \int_{x_0}^{x_1} mg\,dx \\
&= \Big[mgx \Big]_{x_0}^{x_1} \\
&= mgx_1 - mgx_0
\end{aligned}
$$

となります。ですから、重力による位置エネルギーは高さが h

のとき、

$$U(h) = mgh$$

になりますっ！」

ミルカ「厳密には、高さが0のときに0になるよう定めた位置エネルギーだな」

テトラ「？」

僕「位置エネルギーが0となる位置は好きなところに決められるからだね。たとえば高さがHのときに0になるよう定めた位置エネルギー $V(h)$ を、$V(h) = U(h) - U(H)$ として決めてもいいはず。だって、そのときでも、

$$\begin{aligned} V(x_1) - V(x_0) &= (U(x_1) - U(H)) - (U(x_0) - U(H)) \\ &= U(x_1) - U(x_0) \end{aligned}$$

だから、差は等しくなる」

テトラ「なるほど……基準点をどこに決めるかの話ですね。でもこれで、保存力から位置エネルギーを計算する方法はわかりました」

僕「符号がちょっとややこしいかな」

ミルカ「保存力による位置エネルギーを計算するときの考え方として、保存力 $F(x)$ に抗する力 $-F(x)$ を質点に掛けて、x_0 から x_1 に準静的に移動する仕事を想像する方法もある。つまりそれは、

$$-\int_{x_0}^{x_1} F(x)\,dx$$

の代わりに

$$\int_{x_0}^{x_1} (-F(x))\ dx$$

を考えるだけの話だ。たとえば、重力 $F(x) = -mg$ の場合は、

$$-\int_{x_0}^{x_1} (-mg)\, dx$$

の代わりに、

$$\int_{x_0}^{x_1} mg\, dx$$

を考えることになる。結果は同じだ」

僕「へえ……」

ミルカ「さて、テトラはこれで満足かな」

テトラ「はいっ！……い、いえ」

僕「おや？」

5.11　結局、力学的エネルギーとは何か

テトラ「あのですね。仕事を一般化して位置エネルギーを定義するお話はわかりました。運動エネルギーは速度で決まり、位置エネルギーは保存力がする仕事から得られる……で、でも結局、それを合わせた力学的エネルギーって何でしょうか」

僕「力学的エネルギーが何か……？」

テトラ「またまた話を戻してすみません。何となくはわかるんです。ボールがひゅうううっと飛んできて、それが頭にぶつかったら痛そうな運動エネルギー。高いところにあったボールが落ちてきて、頭にぶつかったら痛そうな位置エネルギー。でも、やっぱり、とらえどころがありません」

僕「頭にぶつかるのが前提なんだ」

ミルカ「茶化さない」

僕「あっと、ごめん」

テトラ「でも、力学的エネルギーとは何かと改めて問われても、あたしは答えられません。ボールを手に乗せるように『力学的エネルギーとはこれのことです』と言いたいのですが」

ミルカ「力学的エネルギーには、ボールのような実体はない。力学的エネルギー自体が空間を占めるわけではないし、質量も速度も位置も持たない」

テトラ「えっ！」

ミルカ「質量や速度や位置を持つのは物体だ。力学的エネルギー自体が質量や速度や位置を持っているわけではない」

テトラ「あ、ああ……そうですね」

ミルカ「『力学的エネルギーとはこれだ』と見せるわけにはいかない。力学的エネルギーは、人間が考え出した抽象的な概念なのだ」

テトラ「実体がなくて抽象的——そんな、あいまいなものでもいいんですか？」

ミルカ「抽象的だが、あいまいではない。質点が持つ力学的エネルギーは運動エネルギーと位置エネルギーの和だ」

テトラ「はい……」

ミルカ「運動エネルギーは $\frac{1}{2}mv^2$ で得られるし、位置エネルギーは保存力を積分した仕事を使って得られる」

テトラ「だとすると、今度は『仕事とはこれのことです』と言いたくなります」

ミルカ「仕事は積分で定義される。どんなものかと聞かれたら積分の式を持ち出すしかない。Fs や $\int_C \vec{F} \cdot d\vec{r}$ のことだ。仕事もまた抽象的な概念だが——あいまいではない」

僕「テトラちゃんの《とらえどころがない》と言いたくなる気持ちもわかるけどね」

ミルカ「だからこそ、数式で表してとらえるのだ。手に乗せるなら、数式を乗せよう」

テトラ「手に乗せる……」

テトラちゃんは何かを両手ですくい上げるジェスチャをする。きっと、数式をすくい上げたんだろうな。

5.12 数学は言葉

ミルカ「直接測定して得られる物理量がある。物理量同士を組み合わせて作る物理量もある。数式で表すからこそ、その物理量が持つ性質を考察できる。さらに、物理量相互の関係を調べることもできる。その活動の中で数学が果たす役割は極めて大きい」

テトラ「そういえば……質点の運動を関数で表現したり、微分や積分を使ったり、極限を考えたり、ベクトルを考えたり、ベクトルの成分を得るために三角関数を使った内積も出てきました。物理学と数学はとても深く関係しているんですね……」

ミルカ「ニュートンは運動の法則を発見して、それをニュートンの運動方程式という数学で表した。それは、運動の法則を表す微積分という数学を発見したともいえる」

テトラ「なるほど……そう考えると、数学って《考える道具》でもあり《伝える道具》でもありますね」

ミルカ「言葉が《考える道具》でもあり《伝える道具》でもあるのと同じだ」

テトラ「《数学は言葉》だし《数式は言葉》でもありますね！」

僕「言葉か……数学には目に見えるものもあるよね。たとえば、面積で積分が表せるのも楽しいよ。ユーリに積分の話をするときにはグラフの面積の話をするんだ。《何で積分するか》という話は《グラフの軸を確認する》という話につながる」

テトラ「グラフの軸？」

僕「ほら、速度を時刻で積分して変位を得るとき、横軸が時刻になっている《速度のグラフ》を作って面積を考えるよね」

テトラ「ああ、そうでしたね」

僕「それとまったく同じように、横軸が位置の《力のグラフ》を

作って面積を求めれば、それが仕事になる。うん、たとえば手が質点を動かすとき、力が位置 x に比例する関数で、

$$F(x) = kx$$

と表せるなら、0 から x までに手が質点に行う仕事は、

$$\frac{1}{2}kx^2$$

と表せる。それはこのグラフの面積になる」

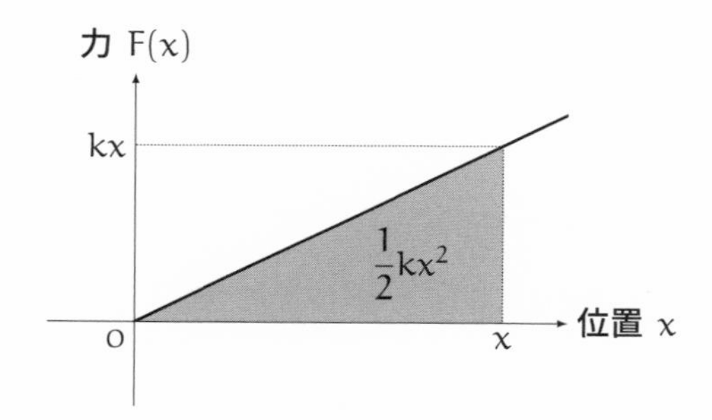

テトラ「なるほど……ところで、これは力が位置の関数になっていて、力は位置に比例しています。こんなにきれいな関係を持った力を出すことって実際にあるんですか？」

僕「あるよ。だって——」

ミルカ「ある」

テトラ「コンピュータか何かを使うんでしょうか」

ミルカ「たとえば、バネを引っぱるときだ」

テトラ「バネ?!」

5.13 バネの弾性力による位置エネルギー

ミルカ「バネを水平に置く。バネの片側を壁に固定し、手で力を掛けて動かそうとすると、手はバネから力を受ける。手がバネから受ける力の向きは、バネを伸ばしたり縮めたりする向きと逆向きだ」

テトラ「はい、わかります。伸ばしたら縮もうとするし、縮めたら伸びようとする……ですね」

ミルカ「バネが伸びても縮んでもいないときの長さを**自然長**という。バネの長さが自然長になっているときの質点の位置を原点とし、伸びる向きを正の向き、縮む向きを負の向きとする」

テトラ「はい」

ミルカ「バネの力は**フックの法則**という物理法則で与えられる」

フック[*3]の法則
バネ定数を k とし、自然長からの伸びを x で表すと、バネが質点に与える力 F は、

$$F = -kx$$

で表されます。ここで $-kx$ の符号は、力の向きが伸びや縮みとは逆向きであることを表しています。バネ定数は強さを表し、バネごとに決まる正の定数です。

---

*3 ロバート・フック（Robert Hooke），1635–1703.

テトラ「なるほど……それは、《バネの長さ》が 2 倍になると、力の大きさも 2 倍になるという意味ですね」

ミルカ「違う」

テトラ「え？ 比例するんですよね？」

僕「テトラちゃん、注目すべきところは《バネの長さ》そのものじゃなくて、《バネの伸び》や《バネの縮み》だよ」

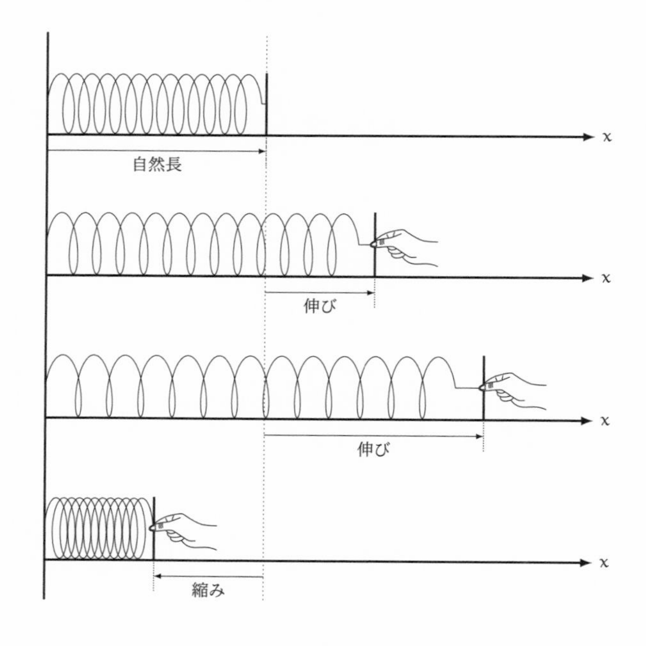

テトラ「あちゃちゃ！ そうですね！ あたしはそのつもりだったんですが、つい《バネの長さ》と言ってしまいました」

ミルカ「バネの伸び縮みの量は質点の位置に依存する」

テトラ「ああ……状況を理解しました。重力のときは、質点の位置がどこであろうとも力は一定でした。でも、バネのときは質点の位置によって力が変わることになります」

僕「バネの力はわかるから位置エネルギーも計算できるね」

ミルカ「バネの力を**弾性力**という。バネの弾性力による位置エネルギーは積分で計算できる。それには、フックの法則

$$F(x) = -kx$$

を使い、位置 $x = x_0$ から $x = x_1$ まで次の積分を計算する。これが弾性力による位置エネルギーの差 $U(x_1) - U(x_0)$ になる。

$$\begin{aligned}
-\int_{x_0}^{x_1} F(x)\,dx &= -\int_{x_0}^{x_1} (-kx)\,dx \\
&= \int_{x_0}^{x_1} kx\,dx \\
&= \Big[\,\tfrac{1}{2}kx^2\,\Big]_{x_0}^{x_1} \\
&= \tfrac{1}{2}kx_1^2 - \tfrac{1}{2}kx_0^2
\end{aligned}$$

ここで、

$$U(x) = \tfrac{1}{2}kx^2$$

と置く。すると $U(x)$ は、自然長での位置エネルギーを 0 と定めたときの弾性力による位置エネルギーを表す」

バネの弾性力による位置エネルギー
自然長からの伸びを x とすると、自然長での位置エネルギーを 0 と定めたとき、バネの弾性力による位置エネルギー $U(x)$ は、

$$U(x) = \frac{1}{2}kx^2$$

となります。ただし、k はバネ定数です。

5.14　万有引力の位置エネルギー

ミルカ「万有引力による仕事も、経路に寄らず二点の位置のみで決まる。万有引力も保存力だ」

テトラ「万有引力は『きょりの・にじょうに・はんぴれい♪』でした。あたしにも積分できそうです！」

僕「万有引力による位置エネルギーは公式を覚えちゃったけど、力を位置で積分すれば出るんだね」

ミルカ「たとえば宇宙に浮かぶロケットが持つ、万有引力による位置エネルギーを計算しよう。地球の質量を M として、ロケットの質量を m とする。ロケットが地球から距離 r 離れているとき、万有引力による位置エネルギーを計算できる」

テトラ「万有引力の法則から、質量 M と m の質点が距離 r 離れているとき、万有引力定数を G として、質量 m の質点に掛

かる力の大きさは、

$$G\frac{Mm}{r^2}$$

になります。向きは……ええと」

僕「重力のときと同じように地球から離れる向きを正とするなら、

$$F(r) = -G\frac{Mm}{r^2}$$

だね」

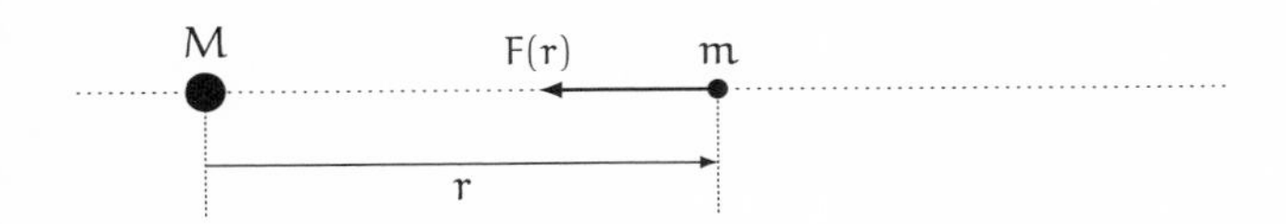

テトラ「重力が r_0 から r_1 へロケットを動かす。ええと、これはどっち向きかというと？」

僕「r_0 と r_1 の大小関係のことだったら、気にしなくてもいいよ。もう F(r) は決まったから式を信頼して機械的に、

$$-\int_{r_0}^{r_1} F(r)\,dr$$

を計算すれば大丈夫」

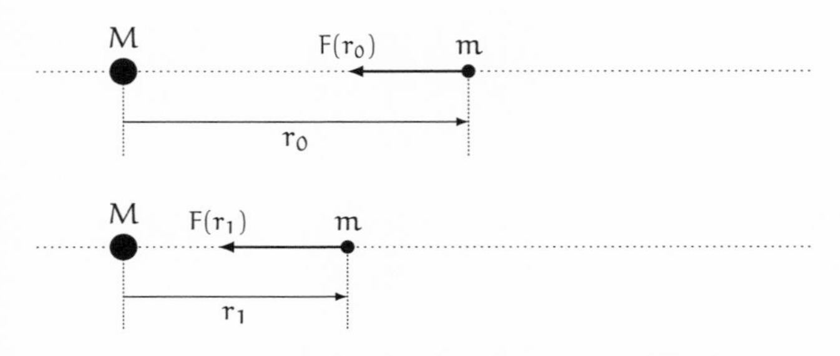

重力がロケットを r_0 から r_1 まで動かす

テトラ「で、ではやってみます。

$$
\begin{aligned}
-\int_{r_0}^{r_1} F(r)\,dr &= -\int_{r_0}^{r_1} \left(-G\frac{Mm}{r^2}\right)\,dr \\
&= \int_{r_0}^{r_1} G\frac{Mm}{r^2}\,dr \\
&= GMm\int_{r_0}^{r_1} \frac{1}{r^2}\,dr \\
&= GMm\left[-\frac{1}{r}\right]_{r_0}^{r_1} \\
&= GMm\left(\left(-\frac{1}{r_1}\right)-\left(-\frac{1}{r_0}\right)\right) \\
&= \left(-G\frac{Mm}{r_1}\right)-\left(-G\frac{Mm}{r_0}\right)
\end{aligned}
$$

　となりました。そこで、

$$
U(r) = -G\frac{Mm}{r}
$$

と定義しますと、

$$-\int_{r_0}^{r_1} F(r)\,dr = U(r_1) - U(r_0)$$

になります。あとは $U(r) = 0$ になるような基準点を決めて……あらら？ 万有引力ではどこを位置エネルギーの基準点にすればいいんでしょう。r が分母なので $U(r)$ は 0 になりませんね」

僕「$r \to \infty$ の極限をとって、**無限遠点**（むげんえんてん）を基準点にするね。

$$r \to \infty \quad \text{のとき} \quad U(r) \to 0$$

になるから」

テトラ「無限遠点！……はい、これで計算できました。無限遠点を基準点とした万有引力による位置エネルギーは、

$$U(r) = -G\frac{Mm}{r}$$

となりますっ！」

万有引力による位置エネルギー

無限遠点での位置エネルギーを0と定めたとき、質量 M の質点から距離 r にある質点 m が持つ、万有引力による位置エネルギー $U(r)$ は、

$$U(r) = -G\frac{Mm}{r}$$

になります。ただし、G は万有引力定数です。

5.15　地球を飛び出す速度

ミルカ「テトラは、万有引力による位置エネルギーを得た。これで、地球を飛び出す計算をしよう」

テトラ「地球を飛び出す？」

ミルカ「鉛直上向きにボールを投げれば、戻ってくる。ボールの初速度を大きくすれば、高く上がって戻ってくる。しかし、初速度の大きさがある値を超えると、戻ってこなくなる。ロケットのように宇宙へ飛び出してしまうからだ」

テトラ「万有引力を考えると、いつも宇宙的な視点に立ちますね！　いままで、手元で投げていたボールが急に宇宙へ飛び立つロケットになるなんて！」

ミルカ「もちろんいまは空気抵抗は無視しているし、太陽や他の惑星の存在もすべて無視している。だが、これだけの知識で

計算できるのはなかなか楽しい」

テトラ「計算……」

ミルカ「万有引力による位置エネルギーがわかったから、地球表面からの脱出速度が求められる」

> **問題 5-2**（地球表面からの脱出速度）
> 質量が m の質点を地面から打ち上げます。地球に戻ってこなくなる初速度の最小値 V を求めてください。ただし、万有引力定数を G とし、地球の質量を M とし、地球の半径を R とします。この V を**地球表面からの脱出速度** あるいは**第二宇宙速度**といいます。

テトラ「ではまず時刻を……あらら、駄目ですね。戻ってこないので、戻ってくる時刻なんかわかりません！」

僕「これこそ、力学的エネルギー保存則が使えそうだ」

テトラ「お待ちください。力学的エネルギーはどの時点とどの時点を比べるんですか。地球に戻ってこないと飛び続けていきます。二つの時点は？」

ミルカ「戻ってこない、という現象を数式でどう表現するかだな」

テトラ「わからないです……」

僕「地球から出発したのはいいけれど、ある程度まで離れたところで速度の大きさが 0 になってしまったとする。すると、そこから引力で引き戻されてしまうよね」

テトラ「……そうですね」

僕「だから、完全に脱出する条件は、地球の中心からどれだけ離れても速度の大きさが0にならない……つまり、運動エネルギーがいつも正という条件だね」

◎　◎　◎

つまり、運動エネルギーがいつも正という条件だね。

- 地球の中心から r 離れたときの速度を v とする。
- 地球表面にあるときの位置は R で速度は V である。

力学的エネルギー保存則から、

$$\frac{1}{2}mv^2 - \frac{GMm}{r} = \frac{1}{2}mV^2 - \frac{GMm}{R}$$

が成り立つ。この式より、地球の中心から r 離れているときの運動エネルギーは、

$$\frac{1}{2}mv^2 = \frac{1}{2}mV^2 - \frac{GMm}{R} + \frac{GMm}{r}$$

となる。任意の正の値 r に対して運動エネルギーが正になる条件は、

$$\underbrace{\frac{1}{2}mV^2 - \frac{GMm}{R}}_{\heartsuit} + \underbrace{\frac{GMm}{r}}_{\clubsuit} > 0$$

になる。でもここで、$\clubsuit$ は、r を大きくすればいくらでも0に近い値を取れてしまう。ということは $\heartsuit \geqq 0$ でなくてはならない。つまり、

$$\begin{aligned} \heartsuit = \frac{1}{2}mV^2 - \frac{GMm}{R} &\geqq 0 \\ \frac{1}{2}mV^2 &\geqq \frac{GMm}{R} \\ V &\geqq \sqrt{\frac{2GM}{R}} \end{aligned}$$

となる。これを満たす最小の V は、

$$V = \sqrt{\frac{2GM}{R}}$$

になる！

◎　◎　◎

解答 5-2（地球表面からの脱出速度）

$$V = \sqrt{\frac{2GM}{R}}$$

ミルカ「この V は、地球表面での力学的エネルギーが 0 になる速度でもある。つまり、

$$K(V) + U(R) = 0$$

が成り立つ」

テトラ「この速度があれば、宇宙へ飛び出せる！　これ、具体的な

数値で計算[*4]してみましょうよ！　宇宙旅行が身近になりそうですっ！」

瑞谷先生「下校時間です」

僕たちはびっくりした。

司書の瑞谷（みずたに）先生が、図書室で下校時間を宣言したのだ。

もう、そんな時間か。投げたボールが放物線を描く様子を考えていたと思ったら、ロケットが地球から飛び立つことまで考えていた。

うん、テトラちゃんの言う通りだ。

物理を考えていると、いつのまにか宇宙的な視点に立っている。

……私はいままでに重力のこれらの諸性質の原因を、
じっさいの諸現象から発見することはできなかった。
……われわれにとっては、重力が実際に存在し、
かつわれわれがこれまでに説明してきた諸法則に従って作用し、
かつ天体とわれわれの〔地球上の〕海のあらゆる運動を説明するのに
大いに役立つならば、それで十分である。
——アイザック・ニュートン [23]

---

*4 第5章末の問題5-5（p. 256）参照。

第5章の問題

●問題 5-1（重力による位置エネルギーと仕事）
質量 m の質点が高さ h にあるときの重力による位置エネルギーを $U(h)$ で表すことにします。$U(0) = 0$ とし、重力加速度を g とします。テトラちゃんの質問に答えてください。

テトラ「$U(h) = mgh$ が成り立ちます。高さ h にある質点を高さ 0 まで落としたら、重力は質点を距離 h だけ動かします。このとき重力が質点に行う仕事は mgh で、質点が持っていた重力による位置エネルギー $U(h)$ に等しくなります。ところで、滑らかな斜面を滑り落ちた場合には、質点の移動する距離 s は h よりも大きくなりますよね。ということは、重力が質点に行う仕事は重力による位置エネルギー $U(h)$ よりも大きくなってしまいます！あたしの考えは、どこが誤っていますか？」

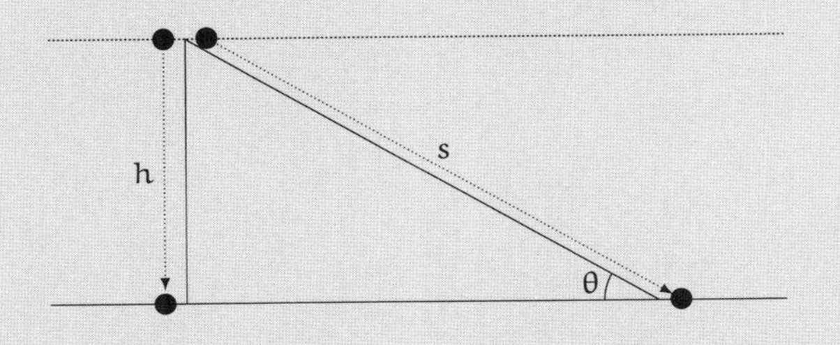

（解答は p. 324）

●**問題 5-2**（仕事ならびにエネルギーの単位）

質点に1Nの力を掛け、その力の向きに1m動かすときの仕事の大きさを、

$$1\ \mathrm{J}$$（ジュール）

と定めます。これはエネルギーの単位でもあります。1Jを国際単位系（SI）の基本単位で表すと、

$$1\,\mathrm{J} = 1\,\mathrm{kg} \cdot \mathrm{m}^2/\mathrm{s}^2$$

になります。次の問いに答えてください。

① 質量 $m = 100\,\mathrm{g}$ のボールが速度 $v = 100\,\mathrm{km/h}$ で飛んでいるときの運動エネルギーは何Jですか（小数第一位を四捨五入して答えてください）。

② 地球上で、質量50kgの物体を10m高く上げるのに必要な仕事は何Jですか。ただし、重力加速度を $g = 9.8\,\mathrm{m/s^2}$ とします。

（解答は p. 328）

●問題 5-3（交通安全）

① 「100 km/h の速さで走っている質量 1000 kg の自動車が持つ運動エネルギー」は、「100 km/h の速さで飛んでいる質量 100 g のボールが持つ運動エネルギー」の何倍ですか。

② 25 km/h の速さで走っていた自動車が、スピードを上げて 100 km/h の速さになりました。運動エネルギーは何倍になりましたか。

（解答は p. 330）

●問題 5-4（仕事と力学的エネルギー）

静止している質点 m に対して、鉛直上向きに一定の大きさを持つ力 F を掛け、高さを 0 から h まで持ち上げたところ、この質点は、鉛直上向きで大きさ v の速度を持ちました。力 F が質点に対して行った仕事が力学的エネルギーの増加に等しいことを示してください。

（解答は p. 331）

●問題 5-5（地球表面から脱出する速度）

p. 251 で求めた地球表面から脱出する速度（第二宇宙速度）V を具体的に計算しましょう。

$$V = \sqrt{\frac{2GM}{R}}$$

定数は次の数値を用い、得られた結果は有効数字2桁で 9.9×10^{n} m/s の形式で答えてください。

- G は万有引力定数で、$G = 6.67 \times 10^{-11}\ \mathrm{N \cdot m^2/kg^2}$
- M は地球の質量で、$M = 5.97 \times 10^{24}\ \mathrm{kg}$
- R は地球の半径で、$R = 6.38 \times 10^{6}\ \mathrm{m}$

（解答は p. 333）

●問題 5-6（運動量保存則）

宇宙空間に二つの質点1, 2があり、質点が持つ質量をそれぞれm_1, m_2とし、速度をそれぞれv_1, v_2とします。

- 質点1に対して質点2から働く力をF_1とし、
- 質点2に対して質点1から働く力をF_2とします。

F_1とF_2以外の力は働いておらず、二つの質点は一直線上を動いているものとします。このとき、

$$m_1v_1 + m_2v_2$$

という物理量は、時刻によって変化しない保存量であることを証明してください。

ヒント：

運動の第三法則（作用・反作用の法則）

質点Aが質点Bに力を掛けるとき、質点Aは質点Bから大きさが等しく逆向きの力を受ける。

（解答はp. 334）

エピローグ

ある日、あるとき。数学資料室にて。

少女「先生、これは何？」

先生「何だと思う？」

少女「円です」

先生「実は、楕円(だえん)なんだ」

少女「ああ、円も楕円の一種だから？」

先生「いやいや、この図形は円じゃない。火星の公転軌道を表している楕円なんだよ。b は a の約 99.1 %の長さだから、非常に円に近いけれどね[*1]。楕円が持つ二つの焦点のうち片方には太陽がある。もう片方には何もない」

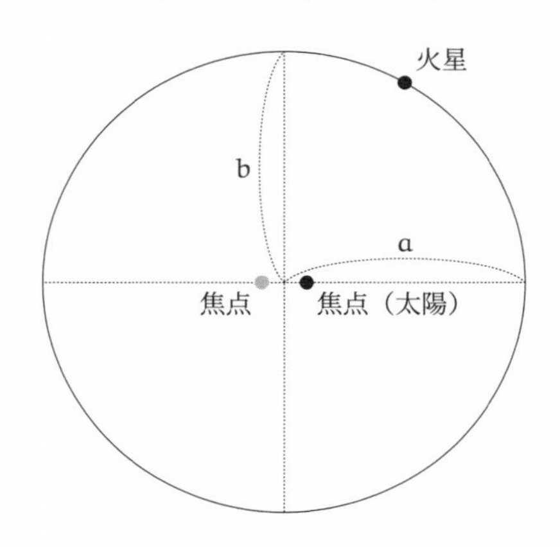

少女「火星の公転軌道ってほとんど円なんですね」

先生「**ティコ・ブラーエ**[*2]の観測データをもとにして惑星の運動を研究した**ケプラー**[*3]は、この形を楕円だと考えた」

少女「へえっ！」

先生「円にこだわる人が多かった当時、楕円になるのを見抜いたのはすごい。それが**ケプラーの第一法則**になる」

[*1] a と b をそれぞれ楕円の長半径（半長径）と短半径（半短径）といいます。
[*2] ティコ・ブラーエ（Tycho Brahe），1546–1601.
[*3] ヨハネス・ケプラー（Johannes Kepler），1571–1630.

ケプラーの第一法則

惑星の公転軌道は、太陽が焦点の一つとなる楕円である。

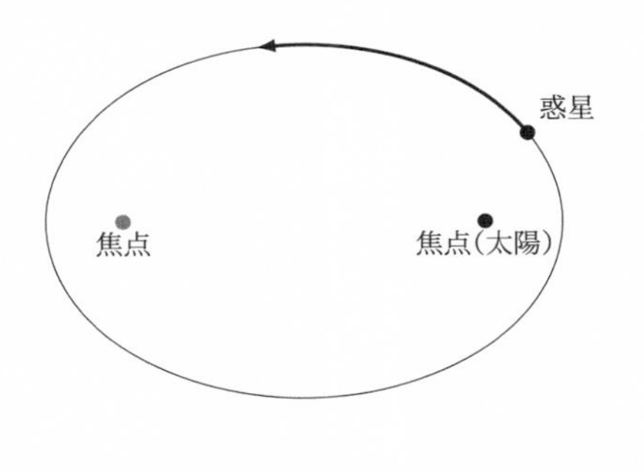

少女「水星、金星、地球、火星、木星、土星、天王星、海王星。どの惑星の公転軌道も楕円なんですか」

先生「そうだね。楕円の形や向きは惑星によってさまざまだけど、どの惑星の公転軌道も楕円で、太陽が必ず焦点に位置している。焦点からの距離の和が一定である曲線、それが楕円だ。焦点にピンを打って糸を張り、鉛筆で描いた形」

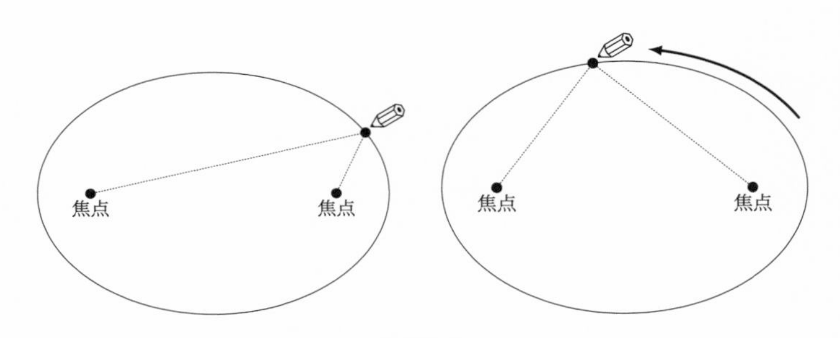

楕円を描く

少女「軌道の形が、太陽が焦点にある楕円になるって不思議です」

先生「第一法則は惑星が描く軌道の形を述べている。それに対して**ケプラーの第二法則**は、惑星が動く速さを述べている」

ケプラーの第二法則

惑星と太陽を結ぶ線分が、単位時間に描く図形の面積は一定である。

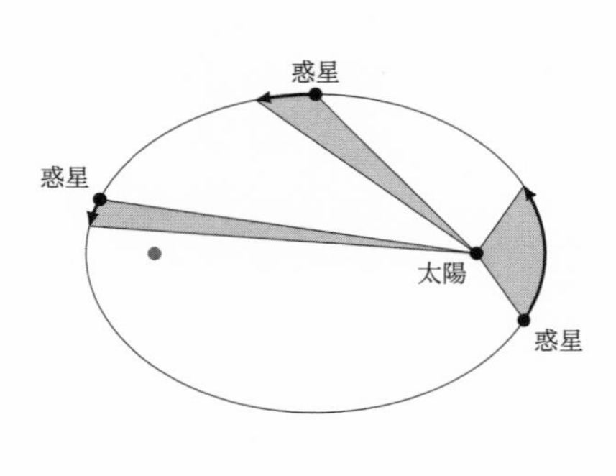

少女「線分が描く図形？」

先生「惑星と太陽を線分で結ぶ。時間が経過して惑星が動くにつれて、線分は扇型を変形したような図形を描いていく。ケプラーの第二法則は、線分が単位時間で描くその図形の面積が一定という法則[*4]」

少女「自動車のワイパーがフロントガラスを拭いた跡みたいな図形ですね」

先生「そうだね。線分の長さは惑星の位置で変わるけど」

少女「第二法則は、惑星の速さについての法則なんですよね。惑星は太陽に近いと速く動いて、太陽から遠いと遅く動くはずです。太陽に近いときは線分が短いので、楕円軌道上をたくさん動いて面積を稼ぐ必要があるからです」

先生「うんうん、そうなるよ」

少女「それにしても、よくこんな法則を発見できますね」

先生「ティコ・ブラーエは惑星がどのように運動しているかを観測してデータを記録した。人類は惑星を動かす実験はできない。しかし、動く惑星の観測はできる。望遠鏡がまだなかったからティコ・ブラーエは肉眼で観測を行ったけれど、当時としては驚くべき正確さだった」

少女「肉眼ですと！」

先生「ケプラーが法則を発見する背後には、ティコ・ブラーエに

---

*4 この線分が単位時間当たりに描く面積を**面積速度**ともいいます。

よる正確で大量の観測データがあった。ケプラーはその観測データをもとにして計算を行い、法則を導いた」

少女「……」

先生「実のところ、ケプラーは第一法則よりも先に第二法則を発見していた。惑星が描く軌道は円じゃないと気付いたケプラーは、第二法則を満たすとともにティコ・ブラーエの観測データとも一致する曲線を探し求めた。一年が過ぎて、ようやく太陽を焦点に持つ楕円を発見したんだ」

少女「そんなに時間が掛かって……」

先生「やがてケプラーは法則をもう一つ発見する。惑星は太陽の周りに楕円軌道を描いて元の位置に戻ってくる。一回りするのに掛かる時間を**公転周期**という。公転周期と楕円軌道の関係を述べたものが**ケプラーの第三法則**だ」

ケプラーの第三法則

惑星の公転周期を T とし、軌道となる楕円の長半径を a とする。このとき、公転周期の 2 乗 T^2 は長半径の 3 乗 a^3 に比例し、その比例定数 k はどんな惑星についても等しい。すなわち、どんな惑星についても、

$$\frac{T^2}{a^3} = k$$

は一定である。

少女「$\frac{T^2}{a^3}$ が一定！ こんな法則、本当に成り立つんですか！」

先生「地球を基準にして実際の値を見てみよう。地球の公転周期は 1 年 だ。地球の公転軌道の長半径 a の値を 1 天文単位 という[*5]。このとき地球では $T = 1, a = 1, \frac{T^2}{a^3} = 1$ となる。つまり、そのように単位を選べば $k = 1$ になるはず。惑星ごとの公転周期と長半径の値をまとめた表がこれだ[*6]」

惑星	公転周期 T	長半径 a	$\frac{T^2}{a^3}$
水星	0.241	0.387	1.00
金星	0.615	0.723	1.00
地球	1	1	1
火星	1.88	1.52	1.01
木星	11.9	5.20	1.01
土星	29.5	9.55	0.999
天王星	84.0	19.2	0.997
海王星	165	30.1	0.998

少女「$\frac{T^2}{a^3}$ の値、みんなほとんど 1 になってますね！」

先生「なってるねえ。第一法則、第二法則、第三法則をまとめて**ケプラーの法則**という。 この法則は画期的だ」

少女「観測データから惑星の運動がわかったからですね」

先生「それだけじゃない。数十年後にニュートンは、ケプラーの法則からとてつもなく大きな法則を導いた。科学史上に輝く壮大な連携プレーが起きたんだ」

---

*5 もともと 1 天文単位 は地球の公転軌道の長半径と定められていましたが、2014 年に国際単位系（SI）は 1 天文単位 $= 1.49597870700 \times 10^{11}$ m を定義値として定めました。

*6 この表は『改訂版 高等学校 物理 II』[12] を参考にしています。

少女「とてつもなく大きな法則とは？」

先生「**万有引力の法則**だよ」

少女「なんと！」

先生「そしてうれしいことに、ケプラーの法則と、ニュートンの運動の法則から、僕たちも万有引力の法則を数学的に導けるんだよ！」

運動の第一法則（慣性の法則）
質点に力が掛かっていないとき、静止している質点は静止した状態を続け、動いている質点は等速直線運動を続ける。

運動の第二法則（運動の法則）
質量が m の質点に対して力 F が掛かっているとき、質点の加速度を a とすると、ニュートンの運動方程式

$$F = ma$$

が成り立つ。また、力の向きと加速度の向きは一致する。

運動の第三法則（作用・反作用の法則）
質点 A が質点 B に力を掛けるとき、質点 A は質点 B から大きさが等しく逆向きの力を受ける。

少女「これだけで……」

先生「ニュートンの運動方程式と積分を使えば、力がわかってい

るときに質点の運動を考えることができる。力→加速度→速度→位置の順に考えればいいからね。これを逆順にする。質点の運動を正確に知ることができるなら、質点に働く力がわかる。ニュートンはそれを計算した。ケプラーの法則に表されている惑星の運動から、万有引力の法則を導いたんだ」

少女「《求めるもの》はこれですよね……」

万有引力の法則を太陽と惑星に当てはめる

太陽の質量を M とし、惑星の質量を m として、両方とも質点であると見なす。太陽と惑星の距離を r とすると、太陽と惑星の間には大きさが

$$G\frac{Mm}{r^2}$$

で、太陽と惑星を結ぶ直線方向で引き合う向きを持つ引力が働く。ここで G は定数である。

先生「うん、だから、距離と力の関係を導く必要がある」

少女「距離に関連したものには、ケプラーの第三法則に出てくる長半径 a があります。でも、力はどこにも出てきません」

先生「力はニュートンの運動方程式に出てくるよ」

少女「ああ、運動の第二法則ですね。加速度は力に比例するから、加速度を求めればいいと」

先生「ケプラーの法則から、惑星の加速度は求められる？」

少女「加速度が出てくるケプラーの法則はありませんね。第二法則の、線分が単位時間に描く図形の面積を求める？　楕円を考えるのはつらいっすね……」

先生「単純化しよう。ケプラーの第一法則から惑星の公転軌道は楕円になる。円は楕円の一種だから、円運動をしている惑星があったとして考えてみよう」

少女「ああ！　惑星の軌道が円なら、長半径の a は太陽と惑星の距離 r になりますね！　$r = a = b$ です！」

先生「その惑星はどんな円運動をするだろうか」

少女「速度が一定の円運動です！　もしも円運動しているならば、ケプラーの第二法則から一定の速度で回っているはずです」

先生「速さは一定だけど、速度は一定じゃないよ」

少女「……ああ、速度には**向き**がありました。一定の速度だったら向きが変わらないので直線運動になってしまいます。惑星の軌道が円のときは、速さが一定の円運動になります」

先生「そうだね。速度の大きさ——つまり速さが一定の円運動を**等速円運動**という。さあ、ここからは等速円運動の解析になる。運動はどうやって調べればいいだろう」

少女「力がわかっていたら、力→加速度→速度→位置と進みます。でも、今回は逆なんでした。位置→速度→加速度→力の順」

先生「円運動している質点の位置はどう表す？」

少女「もちろん、三角関数っす！

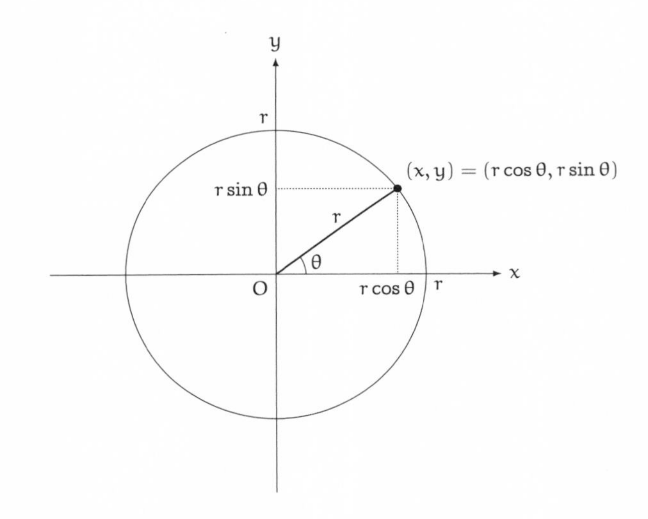

これで質点の位置は、

$$x = r\cos\theta, \quad y = r\sin\theta$$

で表せます」

先生「θ（シータ）が出てきたね」

少女「θ は時刻 t の関数ですが、等速円運動で速さが一定なので、

$$\theta = At + \theta_0$$

のように t の一次式になるはずです」

先生「簡単のために $\theta_0 = 0$ として考えよう。それから、t の係数 A は**角速度**（かくそくど）といって、ω（オメガ）という文字を使うことが多い」

少女「とすると角 θ は、

$$\theta = \omega t$$

で表されます。ああ、角 θ を時刻 t で微分すると、

$$\frac{d\theta}{dt} = \omega$$

になるから ω は角速度という名前なんですね」

先生「そうだね。周期を T とすると ω は T で表せる」

少女「周期 T という時間を使って一周する角度は 2π ですから、

$$\omega = \frac{2\pi}{T}$$

となります。あとは位置の微分ですね。円周上にある点の位置を時刻 t の関数として表し、時刻で微分していきます。三角関数の微分でいけますね」

◎　◎　◎

三角関数の微分でいけますね。

時刻 t における円周上の点の座標を (x, y) とすると、

$$\begin{cases} x = r\cos\omega t \\ y = r\sin\omega t \end{cases}$$

となります。位置を成分ごとに時刻で微分して、速度の成分を計算します。合成関数の微分なので、ω を掛けるのを忘れずに……っと。

$$\begin{cases} v_x = \dfrac{d}{dt}x = \dfrac{d}{dt}r\cos\omega t = -r\omega\sin\omega t \\ v_y = \dfrac{d}{dt}y = \dfrac{d}{dt}r\sin\omega t = r\omega\cos\omega t \end{cases}$$

さらに、速度を成分ごとに時刻で微分して、加速度の成分を計算

します。もう一つ ω が出てきますよ……っと。

$$
\begin{cases}
a_x = \dfrac{d}{dt}v_x = -\dfrac{d}{dt}r\omega \sin \omega t = -r\omega^2 \cos \omega t \\
a_y = \dfrac{d}{dt}v_y = \quad \dfrac{d}{dt}r\omega \cos \omega t = -r\omega^2 \sin \omega t
\end{cases}
$$

さて、加速度は得られましたが……？

◎　◎　◎

少女「さて、加速度は得られましたが……？」

先生「加速度の向きは？」

少女「加速度の向きは時刻でくるくる変わっちゃいますから、見通し悪すぎるっす……ああ、これ**ベクトル**で書くべきですね」

先生「ほほう！」

少女「位置ベクトル、速度ベクトル、加速度ベクトルをそれぞれ、

$$
\vec{r} = \begin{pmatrix} x \\ y \end{pmatrix}, \quad \vec{v} = \begin{pmatrix} v_x \\ v_y \end{pmatrix}, \quad \vec{a} = \begin{pmatrix} a_x \\ a_y \end{pmatrix}
$$

とすると、

$$
\vec{r} = \begin{pmatrix} r\cos \omega t \\ r\sin \omega t \end{pmatrix} = r\begin{pmatrix} \cos \omega t \\ \sin \omega t \end{pmatrix}
$$

$$
\vec{v} = \begin{pmatrix} -r\omega \sin \omega t \\ r\omega \cos \omega t \end{pmatrix} = r\omega\begin{pmatrix} -\sin \omega t \\ \cos \omega t \end{pmatrix}
$$

$$
\vec{a} = \begin{pmatrix} -r\omega^2 \cos \omega t \\ -r\omega^2 \sin \omega t \end{pmatrix} = -r\omega^2\begin{pmatrix} \cos \omega t \\ \sin \omega t \end{pmatrix}
$$

となります。だから、$\vec{a}$ と $\vec{r}$ を見比べて、

$$\vec{a} = -\omega^2 \vec{r}$$

がわかります。てことは、加速度ベクトル $\vec{a}$ の向きは、位置ベクトル $\vec{r}$ と逆向きですね。$-\omega^2 < 0$ ですから、加速度ベクトルの大きさは、

$$|\vec{a}| = |-\omega^2 \vec{r}| = \omega^2 r$$

となります」

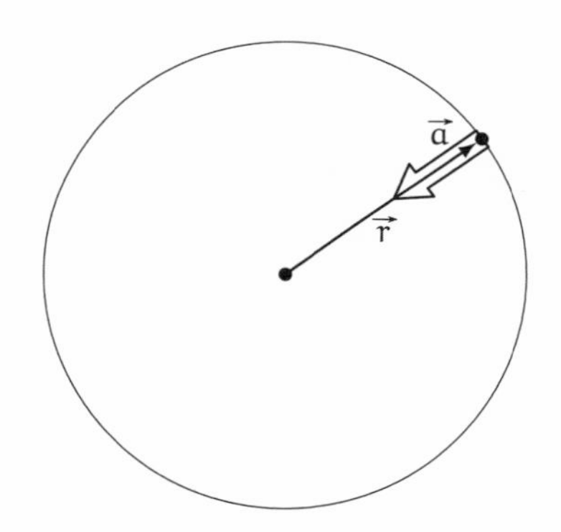

先生「等速円運動での加速度ベクトルはだいぶわかったね。ちなみに、速度ベクトルは？」

少女「速度ベクトルは、円に接する向きになりそう——ですから、位置ベクトルと直交する向きのはずです。**ベクトルの内積**っすね！

$$
\begin{aligned}
\vec{r} \cdot \vec{v} &= \begin{pmatrix} x \\ y \end{pmatrix} \cdot \begin{pmatrix} v_x \\ v_y \end{pmatrix} \\
&= xv_x + yv_y \\
&= (r\cos\omega t)(-r\omega\sin\omega t) + (r\sin\omega t)(r\omega\cos\omega t) \\
&= -r^2\omega\cos\omega t\sin\omega t + r^2\omega\sin\omega t\cos\omega t \\
&= 0
\end{aligned}
$$

となって、内積が 0 なので確かに直交します。速度ベクトルの大きさ、つまり速さは、

$$
\begin{aligned}
|\vec{v}| &= \sqrt{v_x^2 + v_y^2} \\
&= \sqrt{(-r\omega\sin\omega t)^2 + (r\omega\cos\omega t)^2} \\
&= \sqrt{r^2\omega^2\sin^2\omega t + r^2\omega^2\cos^2\omega t} \\
&= \sqrt{r^2\omega^2(\sin^2\omega t + \cos^2\omega t)} \\
&= \sqrt{r^2\omega^2}
\end{aligned}
$$

となり、$r\omega > 0$ だから、

$$
|\vec{v}| = r\omega
$$

になります。速さを v とすれば、

$$
v = r\omega
$$

です」

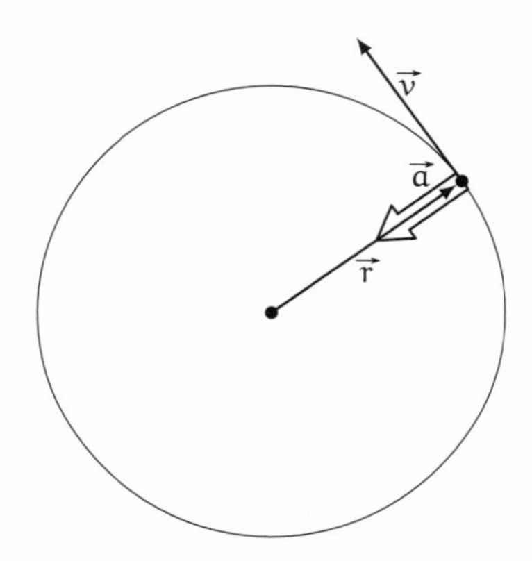

先生「加速度の向きと大きさがわかった。これで力の向きと大きさがわかる」

少女「力のベクトルは加速度ベクトルの向きと同じ。そして、加速度ベクトルの向きは先ほどの結果で位置ベクトルとは逆向きです。惑星からすると、力は太陽に向かっています。これで、力の向きに関しては、万有引力の法則が示されました！」

先生「残るは力の大きさだね」

少女「大きさを F とすると、

$$
\begin{aligned}
F &= m|\vec{a}| \\
&= mr\omega^2 \\
&= mr\left(\frac{2\pi}{T}\right)^2
\end{aligned}
$$

$$
F = \frac{4\pi^2 mr}{T^2}
$$

になります。T^2 が出てきました！　ケプラーの第三法則です！

$$
\begin{aligned}
F &= \frac{4\pi^2 mr}{T^2} \\
&= \frac{4\pi^2 mr}{kr^3} \qquad\qquad T^2 = kr^3 \text{ より} \\
&= \frac{4\pi^2 m}{kr^2}
\end{aligned}
$$

これで、

$$F = \frac{4\pi^2}{k} \cdot \frac{m}{r^2}$$

が出ました。先生！　力の大きさが距離の 2 乗に反比例しますよ！」

先生「きょりの・にじょうに・はんぴれい」

少女「あれ、でも、太陽の質量 M はどこに？」

先生「運動の第三法則——作用・反作用の法則——から、太陽が惑星に力を及ぼすとき、惑星も太陽に同じ大きさで反対向きの力を及ぼしている。だから、太陽と惑星の立場を入れ換えると、力の大きさが惑星の質量に比例するとき、力の大きさは太陽の質量にも比例するといえる」

少女「もしかして、むりやり出せばいい？

$$
\begin{aligned}
F &= \left(\frac{4\pi^2}{k}\right) \cdot \frac{m}{r^2} \\
&= \left(\frac{4\pi^2}{kM}\right) \cdot \frac{Mm}{r^2}
\end{aligned}
$$

できました、できました！　ここで、

$$G = \frac{4\pi^2}{kM}$$

のように定数 G を定めるならば、

$$F = G\frac{Mm}{r^2}$$

となります。太陽から惑星に掛かる力は、太陽の質量 M と惑星の質量 m の積に比例して、太陽と惑星の距離 r の 2 乗に反比例しています！」

先生「もとになる観測データは惑星の位置から得たものだから、ここで数学的に導いたのは、太陽と惑星間に働く力に限った法則になる。けれど、ニュートンはこの力が万物間で働くと考えた。ケプラーの法則と運動の法則から、万有引力の法則を導いたニュートンはさらに、万有引力の法則を使って月の軌道が楕円であることも計算した。ケプラーの法則は観測データから導いた法則だけれど、ニュートンの運動方程式からケプラーの法則を導くこともできる」

少女「すごいですね……」

先生「高いところから落としたボールは、等加速度運動で地上に落ちる。投げたボールは、放物線を描いて地上に落ちる。惑星は太陽の周りを楕円を描いて回る。月は地球の周りを楕円を描いて回る……それらがすべて運動の法則から導けるようになったんだ」

少女「水平に投げたボールが落ちてくるのは、速度が小さいから？」

先生「そうだね。速度が十分に大きければ、もう落ちてこずに地球の周りを回り出す。月もそうだし、人工衛星もそう。さらに速度が大きければ、地球の周りを回るのではなく宇宙の彼方へ飛んでいく。逆に、速度が小さくなれば月だって地球に落ちてくる」

少女「リンゴが落ちるのと同じように」

少女はそう言って、くふふふっと笑った。

命題 1　定理 1
木星の衛星を……軌道上に保つ力は木星の中心に向かい、
衛星から木星の中心までの距離の 2 乗に反比例する。
命題 2　定理 2
惑星を……軌道上に保つ力は太陽の中心に向かい、
惑星から太陽の中心までの距離の 2 乗に反比例する。
命題 3　定理 3
月を軌道上に保つ力は地球の中心に向かい、
月から地球の中心までの距離の 2 乗に反比例する。
——アイザック・ニュートン [*7]

[*7] Sir Isaac Newton, "The Mathematical Principles of Natural Philosophy Book 3", English translation by Andrew Motte, 1803 より (筆者訳)。

【解答】

A N S W E R S

第1章の解答

●問題 1-1（速さ）

① 自動車が 60 km/h の速さで 2 時間走ったら、何 km の距離を進みますか。

② スクーターに乗って距離が 50 km 離れた場所へ行くのに 2 時間掛かりました。このスクーターは何 km/h の速さで走ったことになりますか。

③ 100 m を 10 秒で走った人は、何 km/h の速さで走ったことになりますか。

④ 100 km/h の速さで走る列車は、40000 km を走るのに何時間掛かりますか。

⑤ 4 km/h の速さで歩く人は、40000 km を進むのに何時間掛かりますか。

注意：速度の大きさを速さといいます。km/h は速さを表す単位で、1 時間当たりに進む距離を表します。すなわち、60 km/h は時速 60 km のことで、1 時間当たり 60 km の距離を進む速さを表します。h は時間を表す英語 “hour” の頭文字です。

■解答 1-1

物理量の計算では、**単位を含めて計算する**と間違いが少なくなります。たとえば、60 km/h という物理量は、

$$60\,\mathrm{km/h} = \boxed{60} \times \frac{\boxed{\mathrm{km}}}{\boxed{\mathrm{h}}}$$

だと考えて計算するのです。以下に示す解答では単位を含めた計算の理解を助けるため、やや冗長に記述しています。

① 自動車の速さは 60 km/h で、走った時間は 2 h です[*1]。したがって進んだ距離は、

$$\begin{aligned}60\,\mathrm{km/h} \times 2\,\mathrm{h} &= 60 \times \frac{\mathrm{km}}{\mathrm{h}} \times 2 \times \mathrm{h} \\ &= 60 \times 2 \times \frac{\mathrm{km}}{\cancel{\mathrm{h}}} \times \cancel{\mathrm{h}} \\ &= 120\,\mathrm{km}\end{aligned}$$

により、120 km です。

答 120 km

「速さが 60 km/h である」とは「1時間で 60 km の距離を進む」という意味です。ですから、2時間では 60 km の 2 倍となる 120 km の距離を進みます。そのように考えれば、わざわざ式を立てなくても 120 km という答えが得られます。

---

*1 2 h は 2時間 を表します。

② スクーターが進んだ距離は 50 km で、掛かった時間は 2 h です。したがって速さは、

$$\frac{50\,\mathrm{km}}{2\,\mathrm{h}} = \frac{50}{2} \times \frac{\mathrm{km}}{\mathrm{h}} = 25\,\mathrm{km/h}$$

により、25 km/h です。

答　25 km/h

「速さは何 km/h か」という問いは「1 時間で何 km の距離を進むか」という問いと同じです。このスクーターは 2 時間で 50 km 進んだのですから、1 時間では 50 km の半分となる 25 km の距離を進みます。そのように考えれば、わざわざ式を立てなくても 25 km/h という答えが得られます。

③ この人が進んだ距離は 100 m で、掛かった時間は 10 s です[*2]。したがって速さは、

$$\frac{100\,\mathrm{m}}{10\,\mathrm{s}} = \frac{100}{10} \times \frac{\mathrm{m}}{\mathrm{s}} = 10\,\mathrm{m/s}$$

により、10 m/s です。ここから単位を m/s から km/h に換算します。このときに、

---

*2　10 s は 10 秒 を表します。s は 秒 を表す英語 “second” の頭文字です。

$$1000\,\mathrm{m} = 1\,\mathrm{km}, \quad 3600\,\mathrm{s} = 1\,\mathrm{h}$$

すなわち、

$$\mathrm{m} = \frac{\mathrm{km}}{1000}, \quad \frac{1}{\mathrm{s}} = \frac{3600}{\mathrm{h}}$$

を使います。この人の速さは $10\,\mathrm{m/s}$ なので、

$$\begin{aligned} 10\,\mathrm{m/s} &= 10 \times \frac{\mathrm{m}}{\mathrm{s}} \\ &= 10 \times \mathrm{m} \times \frac{1}{\mathrm{s}} \\ &= 10 \times \frac{\mathrm{km}}{1000} \times \frac{3600}{\mathrm{h}} \\ &= 36 \times \frac{\mathrm{km}}{\mathrm{h}} \\ &= 36\,\mathrm{km/h} \end{aligned}$$

により、速さ $36\,\mathrm{km/h}$ で走ったことになります。

答　$36\,\mathrm{km/h}$

④ $100\,\mathrm{km/h}$ の速さで走る列車が $40000\,\mathrm{km}$ の距離を進むのには、

$$\begin{aligned} \frac{40000\,\mathrm{km}}{100\,\mathrm{km/h}} &= 40000 \times \mathrm{km} \times \frac{1}{100 \times \dfrac{\mathrm{km}}{\mathrm{h}}} \\ &= 40000 \times \cancel{\mathrm{km}} \times \frac{\mathrm{h}}{100 \times \cancel{\mathrm{km}}} \\ &= 400\,\mathrm{h} \end{aligned}$$

より、$400\,\mathrm{h}$ 掛かります。

答　400時間

なお、地球の周囲の長さは約40000 km なので、100 km/h で走ると一周で約400時間（約17日）掛かる計算になります。

⑤ 4 km/h の速さで歩く人が40000 km 歩くのには、

$$\frac{40000\,\mathrm{km}}{4\,\mathrm{km/h}} = 40000 \times \mathrm{km} \times \frac{1}{4 \times \dfrac{\mathrm{km}}{\mathrm{h}}}$$

$$= 40000 \times \cancel{\mathrm{km}} \times \frac{\mathrm{h}}{4 \times \cancel{\mathrm{km}}}$$

$$= 10000\,\mathrm{h}$$

より、10000 h 掛かります。

答　10000時間

なお、地球の周囲の長さは約40000 km なので、4 km/h で歩くと一周で約10000時間（約1年と52日）掛かる計算になります。

●問題 1-2（方程式とグラフ）

数直線上を動いている点Pがあります。時刻 t における位置を x としたとき、t と x の間には、

$$x = 2t + 1$$

という関係が成り立つとします。$0 \leqq t \leqq 10$ の範囲で、時刻 t に対する位置 x のグラフを描いてください。また、次の値をそれぞれ求めてください。

① 時刻 $t = 0$ における点Pの位置 x
② 時刻 $t = 7$ における点Pの位置 x
③ 点Pが位置 $x = 11$ にある時刻 t
④ 時刻0から3までの点Pの速度
⑤ 時刻4から9までの点Pの速度

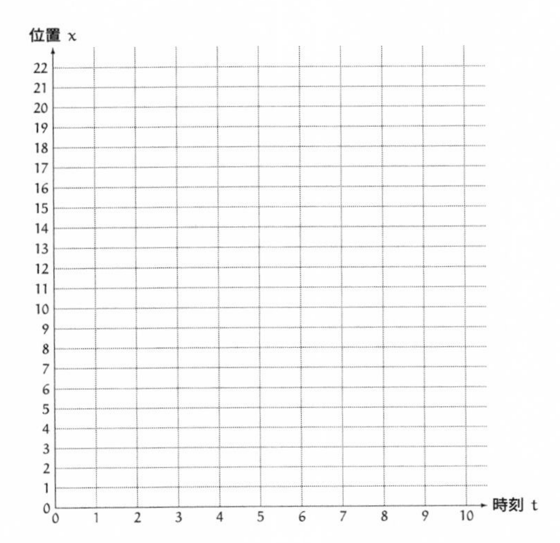

■解答 1-2

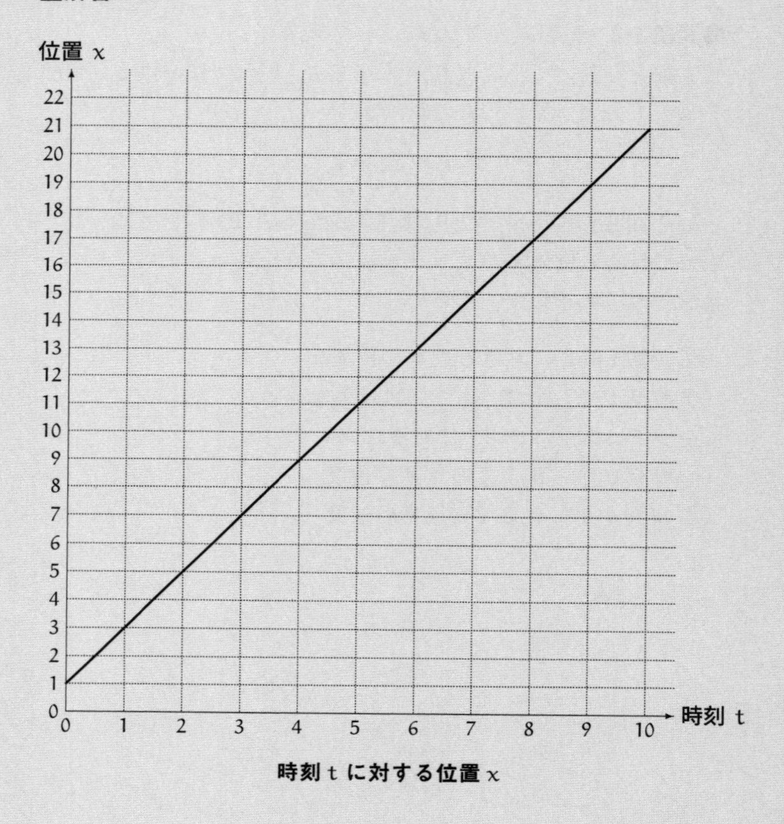

時刻 t に対する位置 x

① t と x には $x = 2t + 1$ の関係があるので、$t = 0$ を代入して x の値が求められます。

$$
\begin{aligned}
x &= 2t + 1 \\
&= 2 \times 0 + 1 \\
&= 1
\end{aligned}
$$

答　$x = 1$

② t と x には $x = 2t + 1$ の関係があるので、$t = 7$ を代入して x の値が求められます。

$$
\begin{aligned}
x &= 2t + 1 \\
&= 2 \times 7 + 1 \\
&= 15
\end{aligned}
$$

答　$x = 15$

③ t と x には $x = 2t + 1$ の関係があるので、$x = 11$ になる t の値を求めます。

$$
\begin{aligned}
x &= 2t + 1 \\
11 &= 2t + 1 \\
11 - 1 &= 2t \\
10 &= 2t \\
2t &= 10 \\
t &= 5
\end{aligned}
$$

答　$t = 5$

④ 速度は《位置の変化》を《掛かった時間》で割って求めます。時刻 $t=0$ のとき $x=1$ で、$t=3$ のとき $x=7$ であることを使います。

$$
\begin{aligned}
《速度》 &= \frac{《位置の変化》}{《掛かった時間》} \\
&= \frac{7-1}{3-0} \\
&= \frac{6}{3} \\
&= 2
\end{aligned}
$$

答　2

⑤ 速度は《位置の変化》を《掛かった時間》で割って求めます。時刻 $t=4$ のとき $x=9$ で、$t=9$ のとき $x=19$ であることを使います。

$$
\begin{aligned}
《速度》 &= \frac{《位置の変化》}{《掛かった時間》} \\
&= \frac{19-9}{9-4} \\
&= \frac{10}{5} \\
&= 2
\end{aligned}
$$

答　2

補足

④と⑤で求めた《速度》はどちらも 2 になりました。時刻 t_1, t_2 が $t_1 \neq t_2$ を満たすとき、この点 P の時刻 t_1 から t_2 までの速度は常に 2 になります。なぜなら、

$$
\begin{aligned}
《速度》 &= \frac{《位置の変化》}{《掛かった時間》} \\
&= \frac{(2t_2 + 1) - (2t_1 + 1)}{t_2 - t_1} \\
&= \frac{2t_2 - 2t_1}{t_2 - t_1} \\
&= \frac{2(t_2 - t_1)}{t_2 - t_1} \\
&= 2
\end{aligned}
$$

が成り立つからです。また、以上の式変形をよく見ると、時刻 t と位置 x の関係式 $x = 2t + 1$ における時刻 t の係数 2 が、この点 P の《速度》に相当していることがわかります。

●問題 1-3（ボールの運動）

水平方向に投げたボールの運動を撮影し、得られた動画から時刻ごとのボールの位置をまとめました。t は投げた瞬間を 0 とした時刻、x は投げた位置から水平方向に移動した位置、y は投げた位置から鉛直方向に落下した位置を表しています。

t [1/30 s]	x [cm]	y [cm]
0	0	0
1	14	0
2	27	2
3	40	5
4	52	9
5	65	14
6	77	21
7	88	28
8	99	37
9	110	46
10	121	58
11	131	69

水平方向と鉛直方向のそれぞれについて、時刻に対する位置のグラフを描いてください。

■解答 1-3

水平方向

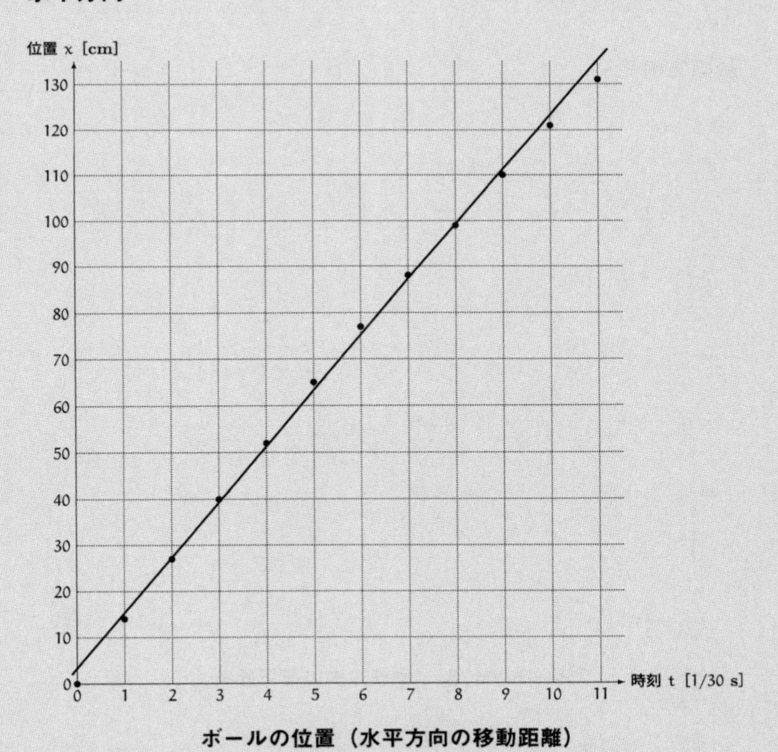

ボールの位置（水平方向の移動距離）

時刻 t を横軸、位置 x を縦軸とし、表の数値を使って点を打ちました。その上で、各点からのずれが少なくなるように直線を引きました。直線を引いたことで、時刻 t と位置 x との間に関係式 $x = At + B$ が成り立つのを前提にしたことになります（A, B は定数）。

なお、実験で得られた数値をもとにしてグラフの線を描く際は、点を直接結ぶのではなく点の間を縫うような滑らかな線を描くのが原則です*3。

鉛直方向

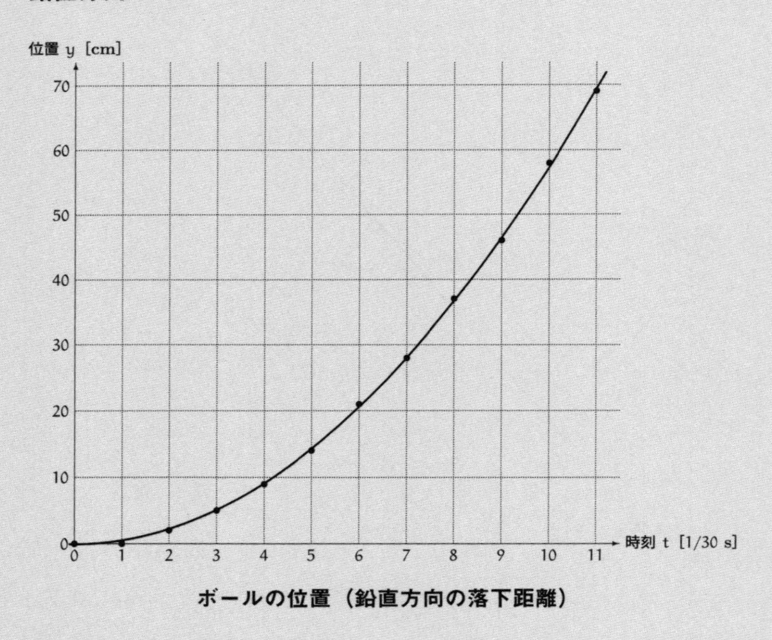

ボールの位置（鉛直方向の落下距離）

時刻 t を横軸、位置 y を縦軸とし、表の数値を使って点を打ちました。その上で、各点からのずれが少なくなるような放物線を描きました。放物線を描いたことで、時刻 t と位置 y との間に $y = At^2 + Bt + C$ が成り立つのを前提にしたことになります

*3 点からのずれが最も少ない直線を引くために**最小二乗法**と呼ばれる方法を使うこともあります。

(A, B, C は定数)。

さらに、横軸を t^2 として描いた以下のグラフが原点のごく近くを通る直線になることから、落下距離 y は、$y = At^2$ という式で表されることが推測できます（A は定数)。

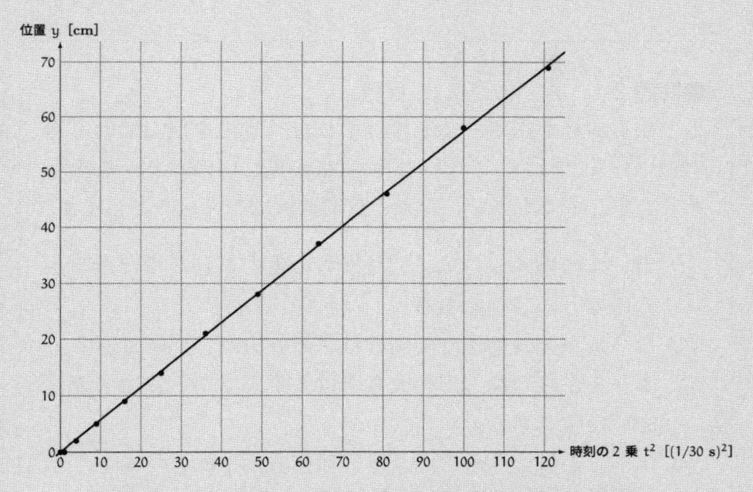

横軸を t^2 としたボールの位置（鉛直方向の落下距離）

第2章の解答

●問題 2-1（力・加速度・速度）

地上から斜め上にボールを投げました。空中を飛んでいる途中のボールについて、①～⑤の主張が正しいか誤りかをそれぞれ判定してください。なお、空気抵抗はないものとします。

① ボールに掛かる力は「地球からの重力」と「投げた手からの力」の二つである。
② ボールが持つ加速度の向きは、鉛直方向下向きである。
③ ボールが持つ加速度の大きさは、飛んでいる途中で変化せず一定である。
④ ボールが持つ速度の向きは、鉛直方向下向きである。
⑤ ボールが持つ速度の大きさは、飛んでいる途中で変化せず一定である。

■解答 2-1

① ボールに掛かる力は「地球からの重力」と「投げた手からの力」の二つであるという主張は**誤り**です。空中を飛んでいる途中のボールに掛かっている力は「地球からの重力」だけです。「投げた手からの力」は掛かっていません。

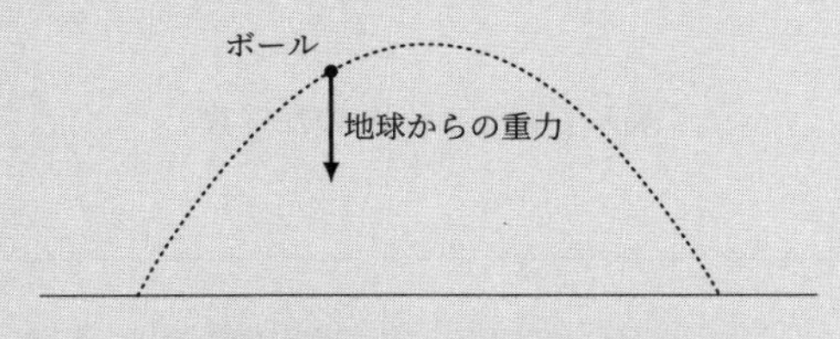

飛んでいるボールに掛かる力

> ①では、飛んでいる途中のボールに掛かる力が何かを確かめています。

② ボールが持つ加速度の向きは、鉛直方向下向きであるという主張は**正しい**です。ボールに掛かる力は「地球からの重力」だけであり、その力の向きは鉛直方向下向きです。運動の法則より、加速度の向きは掛かっている力の向きに一致しますので、ボールが持つ加速度の向きは、力の向きと同じ鉛直方向下向きになります。

③ ボールが持つ加速度の大きさは、飛んでいる途中で変化せず一定であるという主張は**正しい**です。ボールに掛かる力は「地球からの重力」だけであり、その力の大きさは一定です。運動の法則より、加速度の大きさは掛かっている力の大きさ

に比例しますので、力の大きさが一定ならば、加速度の大きさも一定になります。

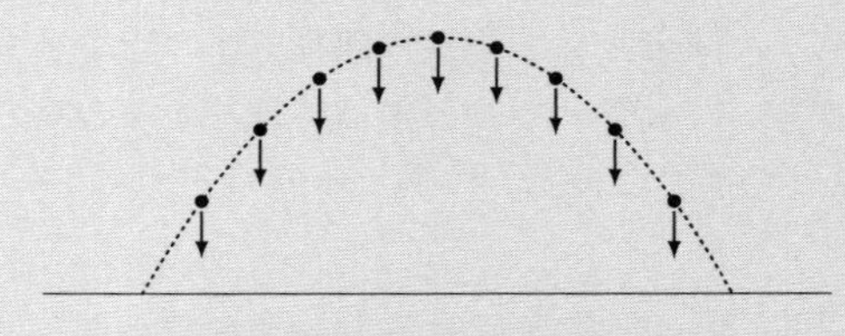

飛んでいるボールの加速度

②と③では、力がわかっているときに加速度の向きと大きさがどうなるかを確かめています。

④ ボールが持つ速度の向きは、鉛直方向下向きであるという主張は**誤り**です。このボールは斜め上に投げたので、ボールが持つ速度は水平方向の成分を持っています。したがって、ボールが持つ速度の向きは、鉛直方向下向きではありません。水平方向には等速度運動を行い、鉛直方向には等加速度運動を行うので、このボールが持つ速度の向きは変化し続けます。なお、ボールを斜め上に投げるのではなく、高いところから鉛直方向下向きに投げた場合には、ボールが持つ速度は鉛直方向下向きになります。

⑤ ボールが持つ速度の大きさは、飛んでいる途中で変化せず一定であるという主張は**誤り**です。このボールは水平方向には等速度運動を行い、鉛直方向には等加速度運動を行います（加速度は鉛直方向下向き）。ですから、速度を水平方向と鉛

直方向の成分に分けて考えると、水平方向の成分は一定で、垂直方向の成分は下向きに増加します。したがって、その成分を合成した速度の大きさは変化し続けます。

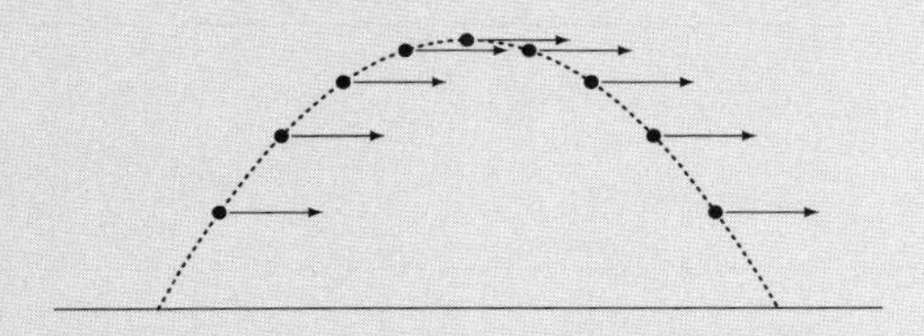

飛んでいるボールの速度（水平方向の成分）

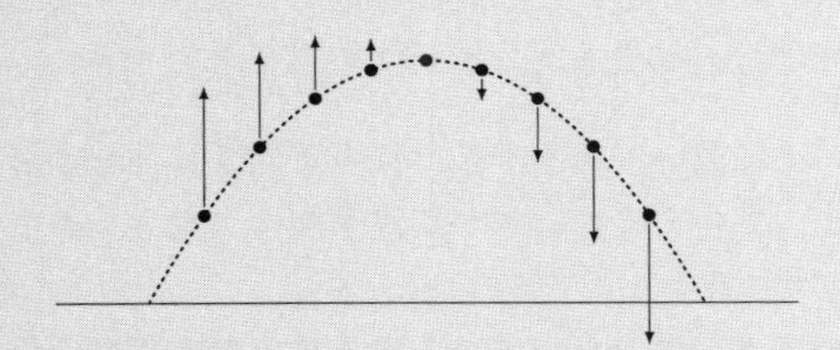

飛んでいるボールの速度（鉛直方向の成分）

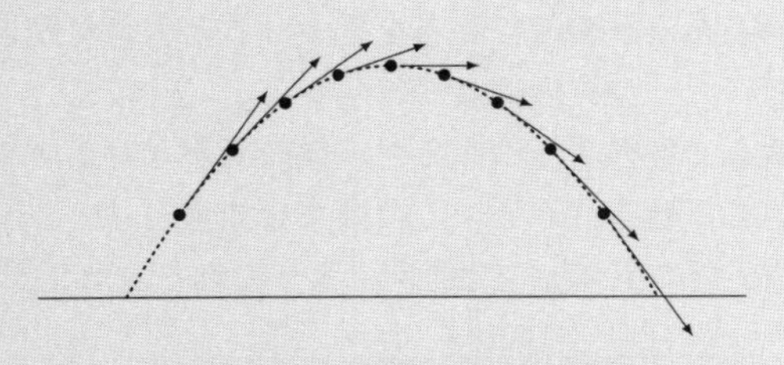

飛んでいるボールの速度

④と⑤では、加速度がわかっているときに速度の向きと大きさがどうなるかを確かめています。

●問題 2-2（さまざまな力）

①～⑤の問いに「何に対して、何から、どんな向きの力が掛かっているから」という形式で答えてください。なお、①と②に関しては力の大きさについても答えてください。

① 机の上に置いてある本には鉛直下向きに地球から重力が掛かっているのに、本が鉛直下向きに動き出さないのはなぜですか。

② 糸で吊るして静止している重りには鉛直下向きに地球から重力が掛かっているのに、重りが鉛直下向きに動き出さないのはなぜですか。

③ 置いてある鉄の釘（くぎ）に磁石を近づけると、釘が動き出して磁石にくっつくのはなぜですか。

④ 下敷きで髪の毛をこすると、髪の毛が立ち上がるように動いて下敷きにくっつくのはなぜですか。

⑤ 方位磁針のN極が、北を向くように動くのはなぜですか。

■解答 2-2

① 机の上に置いてある本には鉛直下向きに地球から重力が掛

かっているのに、本が鉛直下向きに動き出さないのは、「本に対して、机から、鉛直上向きで重力と同じ大きさの力が掛かっているから」です。

机から本に対して掛かるこの力を、**垂直抗力**（すいちょくこうりょく）といいます。垂直抗力という名前は、この力が机の面に対して垂直の向きを持つからです。この本には二つの力が掛かっています。

- 地球から重力が鉛直下向きに掛かります。
- 机から垂直抗力が鉛直上向きに掛かります。

この二つの力は、向きが反対で大きさが等しいので釣り合います。机の上にあるこの本には、釣り合った二つの力しか掛かっていないので、この二つの力を合わせた**合力**（ごうりょく）は0となります。ニュートンの運動方程式より加速度は0となり、速度の変化は起きません。したがってこの本は、速度が0の状態（静止した状態）を続けます。

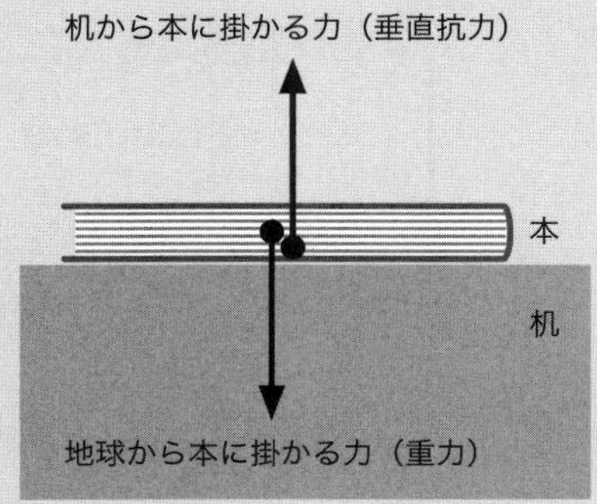

二つの力は一直線上にありますが、左右にずらして描いています。

② 糸で吊るして静止している重りには鉛直下向きに地球から重力が掛かっているのに、重りが鉛直下向きに動き出さないのは、「重りに対して、糸から、鉛直上向きで重力と同じ大きさの力が掛かっているから」です。

糸から重りに掛かるこの力を糸の**張力**といいます。この重りには二つの力が掛かっています。

- 地球から重力が鉛直下向きに掛かります。
- 糸から張力が鉛直上向きに掛かります。

この二つの力は、向きが反対で大きさが等しいので釣り合います。糸から吊るしたこの重りには、釣り合った二つの力しか掛かっていないので、合力は 0 となります。ニュートンの運動方程式より加速度は 0 となり、速度の変化は起きません。したがってこの重りは、静止した状態を続けます。

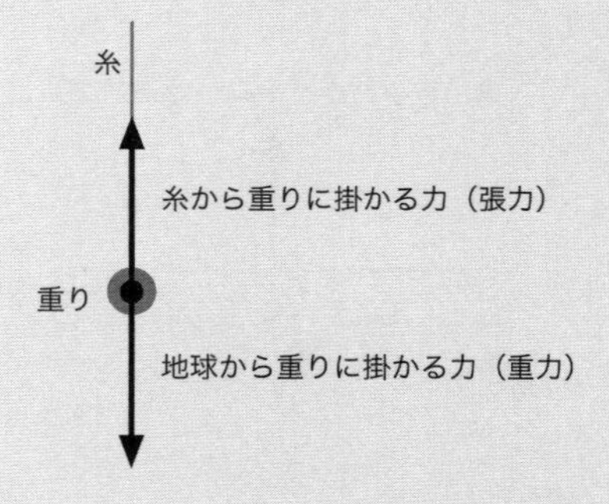

③ 置いてある鉄の釘に磁石を近づけると、釘が動き出して磁石にくっつくのは、「釘に対して、磁石から、磁石に引き寄せる向きの力が掛かっているから」です。

磁石から釘に対して掛かる③の力を**磁力**といいます。磁力は離れていても掛かる力です。

④ 下敷きで髪の毛をこすると、髪の毛が立ち上がるように動いて下敷きにくっつくのは、「髪の毛に対して、下敷きから、下敷きに引き寄せる向きの力が掛かっているから」です。

下敷きで髪の毛をこすると、下敷きは負の電荷(でんか)を多く帯び、髪の毛は正の電荷を多く帯びます。符号の異なる電荷は互いに引き合う力（引力）を持ち、符号の同じ電荷は互いに反発する力（斥力(せきりょく)）を持ちます。この力を**静電気力**といいます。静電気力は離れていても掛かる力です。

⑤ 方位磁針のN極が、北を向くように動くのは、「方位磁針に対して、地球から、N極が北へ向かう向きの力が掛かっているから」です。地球は巨大な磁石であり、磁力によって方位磁針を動かします。

●**問題 2-3**（力の単位）

力の大きさと加速度の大きさは比例します。1 kg の質量を持つ質点に対して、$1\,\mathrm{m/s^2}$ の加速度を与える力の大きさを、

1 N（ニュートン）

と定めます。1 N を国際単位系（SI）の基本単位で表すと、

$$1\,\mathrm{N} = 1\,\mathrm{kg \cdot m/s^2}$$

になります。次の問いに答えてください。

① 地球上で、質量 50 kg の人に掛かる重力の大きさ F は何 N ですか。

② 地球上で、質量 200 g のリンゴに掛かる重力の大きさ F は何 N ですか。

③ 地球上で、1 N の重力が掛かる物体の質量は何 g ですか（小数第一位を四捨五入して答えてください）。

ただし、重力加速度を $g = 9.8\,\mathrm{m/s^2}$ とします。

■解答 2-3

物理量の計算では、**単位を含めて計算する**と間違いが少なくなります。

① $m = 50\,\mathrm{kg}$ とし、地球上で質量 m の人に掛かる重力の大きさを $F = mg$ から求めます。

$$
\begin{aligned}
F &= mg \\
&= (50\,\mathrm{kg}) \times (9.8\,\mathrm{m/s^2}) \\
&= 50 \times \mathrm{kg} \times 9.8 \times \frac{\mathrm{m}}{\mathrm{s^2}} \\
&= 50 \times 9.8 \times \frac{\mathrm{kg \cdot m}}{\mathrm{s^2}} \\
&= 490\,\mathrm{kg \cdot m/s^2} \\
&= 490\,\mathrm{N}
\end{aligned}
$$

より、$F = 490\,\mathrm{N}$ です。

答 $F = 490\,\mathrm{N}$

② $m = 200\,\mathrm{g}$ とします。$200\,\mathrm{g} = 0.2\,\mathrm{kg}$ を使って、地球上で質量 m のリンゴに掛かる重力の大きさを $F = mg$ から求めます。

$$
\begin{aligned}
F &= mg \\
&= (0.2\,\mathrm{kg}) \times (9.8\,\mathrm{m/s^2}) \\
&= 0.2 \times \mathrm{kg} \times 9.8 \times \frac{\mathrm{m}}{\mathrm{s^2}} \\
&= 0.2 \times 9.8 \times \frac{\mathrm{kg \cdot m}}{\mathrm{s^2}} \\
&= 1.96\,\mathrm{kg \cdot m/s^2} \\
&= 1.96\,\mathrm{N}
\end{aligned}
$$

より、$F = 1.96\,\mathrm{N}$ です。

答 $F = 1.96\,\mathrm{N}$

物体に働く重力の大きさのことを「重さ」といいます。①で求めたのは、この人の「重さ」で、②で求めたのは、このリンゴの「重さ」といえます。

③　$F = 1\,\mathrm{N}$ とし、地球上で大きさ F の重力が掛かる物体の質量 m を求めます。$F = mg$ なので、$m = \frac{F}{g}$ です。

$$
\begin{aligned}
m &= \frac{F}{g} \\
&= \frac{1\,\mathrm{N}}{9.8\,\mathrm{m/s^2}} \\
&= \frac{1}{9.8} \times \mathrm{N} \times \frac{\mathrm{s^2}}{\mathrm{m}} \\
&= \frac{1}{9.8} \times \left(\mathrm{kg} \times \frac{\cancel{\mathrm{m}}}{\cancel{\mathrm{s^2}}}\right) \times \frac{\cancel{\mathrm{s^2}}}{\cancel{\mathrm{m}}} \\
&= \frac{1}{9.8} \times 1000 \times \mathrm{g} \qquad 1\,\mathrm{kg} = 1000\,\mathrm{g}\ \text{より} \\
&= 102.\cancel{0}\,\mathrm{g} \qquad \text{（四捨五入）}
\end{aligned}
$$

より、求める質量は102 g です。

答　102 g

ですから、地球上で質量が約102 g の物体を持ったときに、その物体から手に掛かる力の大きさも1 N になります。そう考えると、1 N という力の大きさが想像できるでしょう。

●**問題 2-4**（一般化）

時刻 $t = 0$ に原点から速度 (u, v) でボールを投げると、時刻 t におけるボールの位置 (x, y) は次のように表されます。

$$\begin{cases} x = ut \\ y = -\frac{1}{2}gt^2 + vt \end{cases}$$

ただし、u は速度の x 成分、v は速度の y 成分、g は重力加速度で、$t \geqq 0$ とします（p. 98 より）。

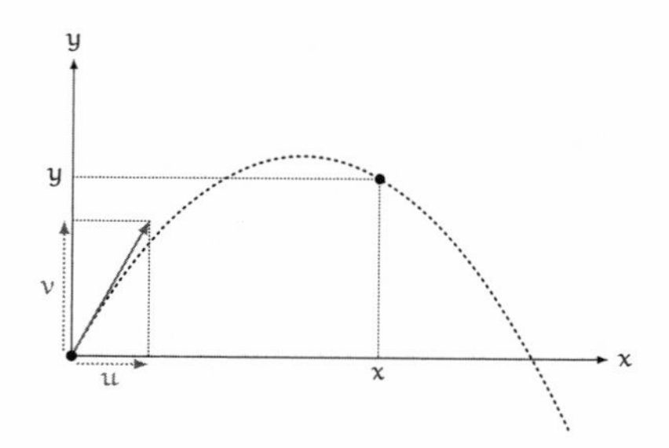

では、時刻 $t = t_0$ に位置 (x_0, y_0) から速度 (u, v) でボールを投げると、時刻 t におけるボールの位置 (x, y) はどのように表されますか。ただし、$t \geqq t_0$ とします。

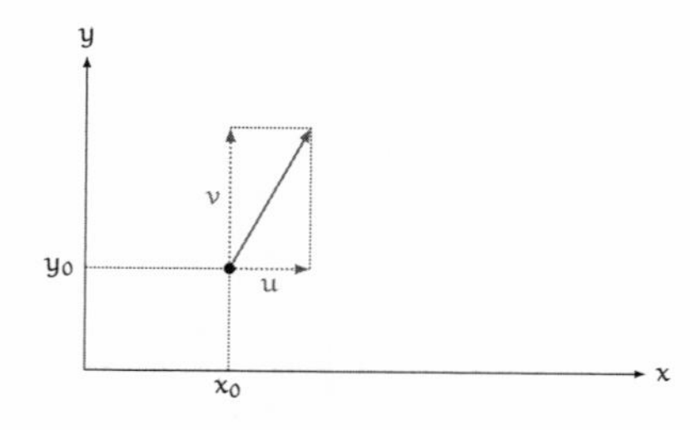

■解答 2-4

座標軸を (x_0, y_0) だけ平行移動して考えます。

与えられた設定である、

> $t = t_0$ を満たす時刻 t において、
> $x = x_0$ と $y = y_0$ を満たす位置 (x, y) から
> ボールを投げる

というのは、

> $t - t_0 = 0$ を満たす時刻 t において、
> $x - x_0 = 0$ と $y - y_0 = 0$ を満たす位置 (x, y) から
> ボールを投げる

と同じです。そこで、変数 T, X, Y を次のように定めます。

$$\begin{cases} T = t - t_0 \\ X = x - x_0 \\ Y = y - y_0 \end{cases}$$

時刻を T とし、位置を XY 平面上で考えるなら、与えられた設定は、

> $T = 0$ を満たす時刻 T において、
> $X = 0$ と $Y = 0$ を満たす位置 (X, Y) から
> ボールを投げる

になります。ここから、

$$\begin{cases} X = uT \\ Y = -\frac{1}{2}gT^2 + \nu T \end{cases}$$

が成り立つことがわかります。T, X, Y をそれぞれ $t - t_0, x - x_0, y - y_0$ で置き換えると、

$$\begin{cases} x - x_0 = u(t - t_0) \\ y - y_0 = -\frac{1}{2}g(t - t_0)^2 + v(t - t_0) \end{cases}$$

になるので、

$$\begin{cases} x = u(t - t_0) + x_0 \\ y = -\frac{1}{2}g(t - t_0)^2 + v(t - t_0) + y_0 \end{cases}$$

が得られます。

$$\text{答} \quad \begin{cases} x = u(t - t_0) + x_0 \\ y = -\frac{1}{2}g(t - t_0)^2 + v(t - t_0) + y_0 \end{cases}$$

補足

これは、xy 平面の座標軸を (x_0, y_0) だけ平行移動した XY 平面を使い、時刻 t を t_0 だけ平行移動した時刻 T を使って考えたことになります。

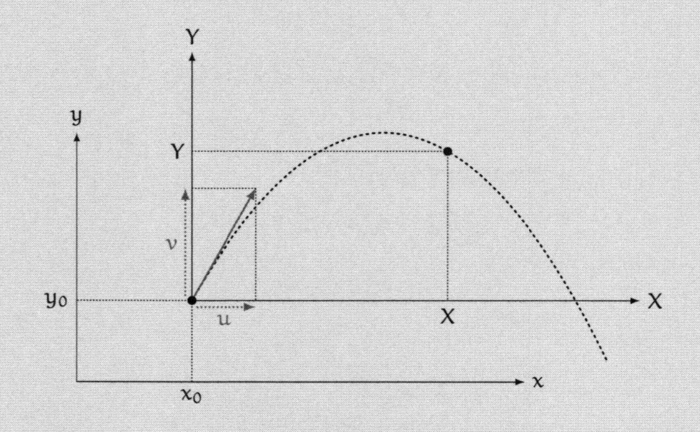

なお、(x, y) と (X, Y) の関係は非常に誤りやすいので注意してください。

$$(X, Y) = (x - x_0, y - y_0) \qquad \text{（正しい）}$$

$$(X, Y) = (x + x_0, y + y_0) \qquad \text{（誤り）}$$

$(x, y) = (x_0, y_0)$ のときに $(X, Y) = (0, 0)$ になると考えれば、$(X, Y) = (x - x_0, y - y_0)$ が正しいことがわかります。

●問題 2-5（ボールを投げてわかること）

時刻 $t = 0$ に原点から速度 (u, v) でボールを投げると、時刻 t におけるボールの位置 (x, y) は次のように表されます（p. 98 より）。

$$\begin{cases} x = ut \\ y = -\frac{1}{2}gt^2 + vt \end{cases}$$

ただし、u は速度の x 成分、v は速度の y 成分、g は重力加速度で、$t \geqq 0$ とします。

次の問いに答えてください。

① 鉛直上向きに初速度 100 km/h でボールを投げ上げました。投げてから 3 秒後に、ボールは投げた位置から何 m の高さにあるでしょうか（小数第一位を四捨五入して答えてください）。

② 崖の上から海に向かって、ボールを初速度 100 km/h で水平方向に投げたところ、投げてから 3 秒後に着水しました。この崖は海から何 m の高さにあるでしょうか（小数第一位を四捨五入して答えてください）。

重力加速度は $g = 9.8\,\mathrm{m/s^2}$ とします。

■解答 2-5

① 鉛直上向きに投げたので初速度の y 成分を $v = 100\,\text{km/h}$ とし、時刻 $t = 3\,\text{s}$ でのボールの高さ y を求めます。計算では、$1\,\text{h} = 3600\,\text{s}$ ならびに $1\,\text{km} = 1000\,\text{m}$ を使います。

$$
\begin{aligned}
y &= -\tfrac{1}{2}gt^2 + vt \\
&= -\frac{1}{2} \times \left(9.8 \times \frac{\text{m}}{\text{s}^2}\right) \times (3\,\text{s})^2 + \left(100 \times \frac{\text{km}}{\text{h}}\right) \times (3\,\text{s}) \\
&= -\frac{1}{2} \times \left(9.8 \times \frac{\text{m}}{\text{s}^2}\right) \times (3\,\text{s})^2 + \left(\frac{1000}{36} \times \frac{\text{m}}{\text{s}}\right) \times (3\,\text{s}) \\
&= \left(-\frac{1}{2} \times 9.8 \times 9\right) \times \left(\frac{\text{m}}{\cancel{\text{s}^2}} \times \cancel{\text{s}^2}\right) + \left(\frac{1000}{36} \times 3\right) \times \left(\frac{\text{m}}{\cancel{\text{s}}} \times \cancel{\text{s}}\right) \\
&= \left(-\frac{9.8 \times 9}{2} + \frac{1000 \times 3}{36}\right) \times \text{m} \\
&= 39.\cancel{2}\,\text{m} \qquad \text{(四捨五入)}
\end{aligned}
$$

なので、3秒後のボールの高さは 39 m となります。

答 39 m

② 水平方向に投げたので初速度の y 成分は $v = 0\,\text{m/s}$ となります。3秒後に着水したことから、$t = 3\,\text{s}$ としたときの $-y$ が崖の高さになります。

$$
\begin{aligned}
-y &= \tfrac{1}{2}gt^2 - vt \\
&= \frac{1}{2} \times (9.8\,\mathrm{m/s^2}) \times (3\,\mathrm{s})^2 \\
&= \frac{1}{2} \times 9.8 \times \frac{\mathrm{m}}{\mathrm{s^2}} \times 9 \times \mathrm{s^2} \\
&= \frac{1 \times 9.8 \times 9}{2} \times \mathrm{m} \\
&= 44.\not{1}\,\mathrm{m} \qquad \text{（四捨五入）}
\end{aligned}
$$

なので、崖の高さは 44 m となります。

答　44 m

②で崖の高さを求めるのに、初速度の x 成分の大きさ（100 km/h）は不必要です。

●問題 2-6（ボールを投げる高さ）
高さHの地点から水平にボールを投げたところ、水平距離でLだけ離れた地面に落ちました。初速度は変えずに投げる高さを変え、水平距離で2Lだけ離れた地面に落としたいとします。そのための高さをHで表してください。

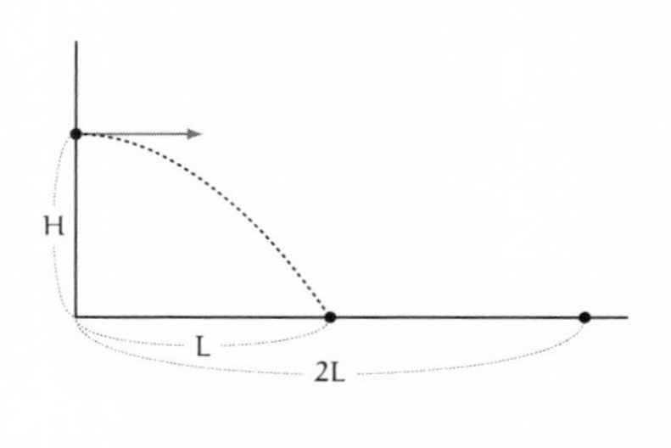

■解答 2-6

ボールの軌跡は、投げた地点を頂点に持つ放物線になります。水平距離が2倍になれば、落下距離は$2^2 = 4$倍になりますので、求める高さは4Hです。このようにざっくり考えても答えは得られますが、以下では式を立てて解くことにします。

投げた位置を原点とし、投げた向きをx軸の正の向き、鉛直下向きをy軸の正の向きとします。

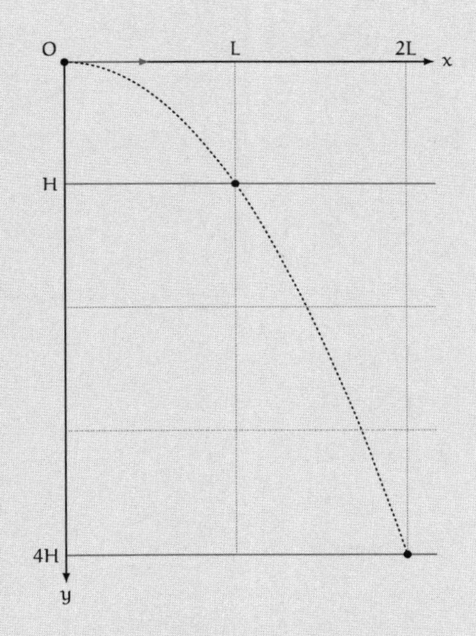

初速度の大きさを v_0 とすると、水平方向に投げていることから初速度の x 成分は v_0 で、y 成分は 0 です。したがって、時刻 t における位置を (x, y) とすると、

$$\begin{cases} x = v_0 t & \cdots\cdots ① \\ y = \frac{1}{2}gt^2 & \cdots\cdots ② \end{cases}$$

になります。t を消去して x と y の関係式を求めます。①から $t = \frac{x}{v_0}$ になり、これを②に代入すると、

$$y = \frac{g}{2v_0^2}x^2$$

を得ます。式を見やすくするために $A = \frac{g}{2v_0^2}$ と置くと、

$$y = Ax^2 \qquad \cdots\cdots \heartsuit$$

という軌跡の方程式を得ます。

問題の設定から、$y = H$ のとき $x = L$ になります。したがって、♡より、

$$H = AL^2$$

となります。求める高さは、♡で $x = 2L$ のときの y に等しくなりますから、

$$\begin{aligned} y &= Ax^2 \\ &= A(2L)^2 \\ &= 4AL^2 \\ &= 4H \end{aligned}$$

となります。したがって、求める高さは 4H です。

答 4H

第3章の解答

●問題 3-1（万有引力の法則）
ある星の中心から距離 r だけ離れた位置にロケットがあります。星からロケットに働く万有引力の大きさを現在の $\frac{1}{2}$ にしたいとき、ロケットは星の中心からどれだけ離れていればいいですか。

■解答 3-1

万有引力の大きさは距離の 2 乗に反比例するので、距離が $\sqrt{2}$ 倍になれば、万有引力の大きさは $\frac{1}{(\sqrt{2})^2} = \frac{1}{2}$ 倍になります。したがって、求める距離は $\sqrt{2}r$ です。

答　$\sqrt{2}r$

●問題 3-2（万有引力の大きさ）
2 m 離れて立っている二人の人がいます。二人の質量はどちらも 50 kg です。このとき、片方が他方から働く万有引力の大きさが何 N であるかを求めましょう。ただし、万有引力定数 G は $6.67 \times 10^{-11}\ \mathrm{N \cdot m^2/kg^2}$ とします。得られた結果は有効数字 2 桁で 9.9×10^{n} N の形式で答えてください。

■解答 3-2

二人の距離を r とし、人の質量を M とします。万有引力の法則から、力の大きさ F を求めます。

$$
\begin{aligned}
F &= G\frac{MM}{r^2} \\
&= \left(6.67 \times 10^{-11}\ \mathrm{N \cdot m^2/kg^2}\right) \times \frac{50\ \mathrm{kg} \times 50\ \mathrm{kg}}{(2\ \mathrm{m})^2} \\
&= \left(\frac{6.67 \times 10^{-11} \times 50 \times 50}{2^2}\right) \times \left(\frac{\mathrm{N} \times \cancel{\mathrm{m}^2} \times \cancel{\mathrm{kg}} \times \cancel{\mathrm{kg}}}{\cancel{\mathrm{kg}^2} \times \cancel{\mathrm{m}^2}}\right) \\
&= 4.\underset{2}{\cancel{16}} \times 10^{-8}\ \mathrm{N} \qquad \text{（四捨五入）}
\end{aligned}
$$

したがって、求める力の大きさは 4.2×10^{-8} N です[*4]。

答 4.2×10^{-8} N

---

*4 1 N は、質量が約 102 g の物体を地球上で持ったときに手に働く力の大きさに等しい（p. 305）ですから、4.2×10^{-8} N は非常に小さな力であることがわかります。

第4章の解答

●問題 4-1（力学的エネルギー保存則）
高い場所からボールを投げて地面まで落とします。ボールをどんな向きに投げたとしても、初速度の大きさが一定ならば、地面に落ちたときのボールが持つ速度の大きさは一定です。このことを力学的エネルギー保存則を用いて証明してください。なお、ボールには重力だけが働いているものとします。

■解答 4-1

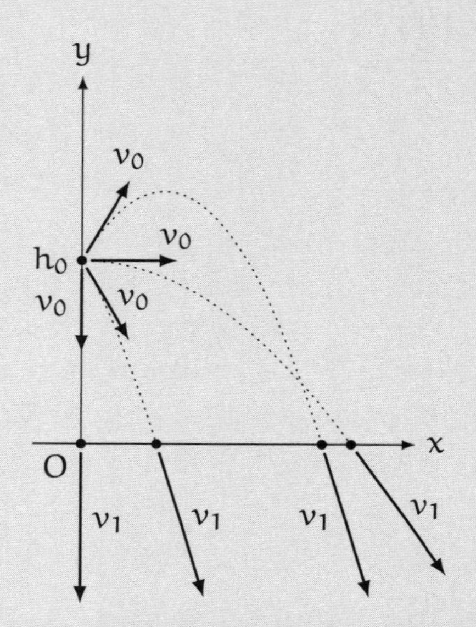

高さ h_0 からさまざまな向きに初速度 v_0 で投げる様子

ボールの質量を m とします。

初速度の大きさを v_0, 地面の高さを 0 としてボールを投げる高さを h_0 とすると、投げた直後にボールが持つ力学的エネルギー E_0 は、

$$E_0 = \frac{1}{2}mv_0^2 + mgh_0$$

になります。h_0 と v_0 の値が一定なので、E_0 の値はボールを投げる向きによらず一定です。

地面に着いたときにボールが持っている速度の大きさを v_1 とすると、そのときの高さが 0 であることから、地面に着いたときにボールが持つ力学的エネルギー E_1 は、

$$E_1 = \frac{1}{2}mv_1^2$$

になります。

力学的エネルギー保存則より、$E_1 = E_0$ が成り立つので、

$$\frac{1}{2}mv_1^2 = E_0$$

がいえます。$v_1 \geqq 0$ ですから、

$$v_1 = \sqrt{\frac{2E_0}{m}}$$

となります。E_0 が一定なので v_1 も一定です。

（証明終わり）

補足

どんな向きに投げたとしても、地面に着いたときのボールが持つ速度の大きさは一定ですが、速度の向きは一定ではありません。

●問題 4-2（力学的エネルギー保存則の証明）
時刻 $t = 0$ のとき、高さ h_0 からボールを投げました。初速度の大きさは v_0 で、初速度の向きが地面となす角度は θ です。ボールに働く力が重力だけであるとき、時刻 $t \geqq 0$ における力学的エネルギーを計算することで、力学的エネルギー保存則が成り立つことを証明しましょう。

■解答 4-2

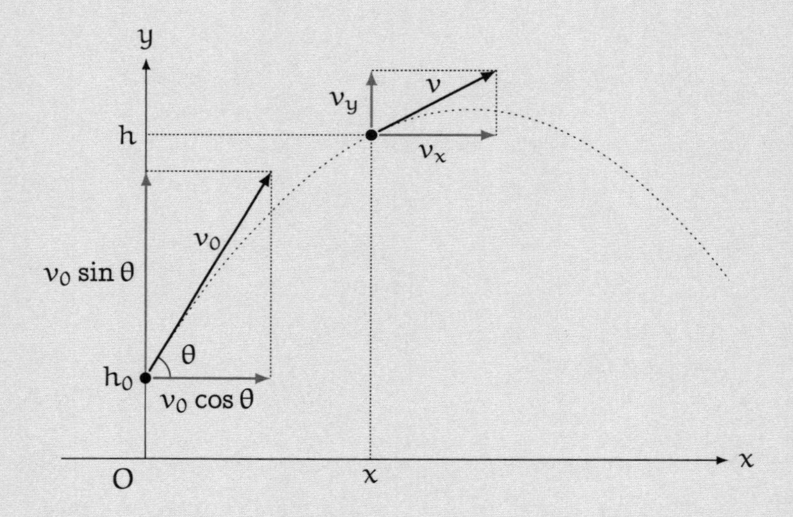

時刻 $t = 0$ における力学的エネルギー E_0 は、

$$E_0 = \frac{1}{2}mv_0^2 + mgh_0$$

です。

初速度の大きさが v_0 であることから、初速度の x 成分と y 成分は、それぞれ $v_0 \cos\theta, v_0 \sin\theta$ になります。

このボールの運動は、

- 水平方向（x 方向）には等速度運動
- 鉛直方向（y 方向）には等加速度運動

ですから、時刻 t における速度の x 成分と y 成分をそれぞれ v_x, v_y とすると、次の式が成り立ちます。

$$\begin{cases} v_x = \overbrace{v_0 \cos\theta}^{x\text{ 方向の初速度}} \\ v_y = -gt + \underbrace{v_0 \sin\theta}_{y\text{ 方向の初速度}} \end{cases}$$

これを使って時刻 t におけるボールの運動エネルギー K を計算します。

$$\begin{aligned} K &= \frac{1}{2}mv^2 \\ &= \frac{1}{2}m\left(\sqrt{v_x^2 + v_y^2}\right)^2 \\ &= \frac{1}{2}m(v_x^2 + v_y^2) \\ &= \frac{1}{2}m((v_0\cos\theta)^2 + (-gt + v_0\sin\theta)^2) \\ &= \frac{1}{2}m(v_0^2\cos^2\theta + g^2t^2 - 2gv_0t\sin\theta + v_0^2\sin^2\theta) \\ &= \frac{1}{2}mv_0^2\cos^2\theta + \frac{1}{2}mg^2t^2 - mgv_0t\sin\theta + \frac{1}{2}mv_0^2\sin^2\theta \\ &= \frac{1}{2}mv_0^2(\cos^2\theta + \sin^2\theta) + \frac{1}{2}mg^2t^2 - mgv_0t\sin\theta \end{aligned}$$

$\cos^2\theta + \sin^2\theta = 1$ より

$$= \frac{1}{2}mv_0^2 + \underset{\sim\sim\sim\sim\sim\sim\sim\sim\sim\sim\sim\sim\sim\sim\sim\sim}{\frac{1}{2}mg^2t^2 - mgv_0t\sin\theta}$$

一方、時刻 t におけるボールの位置を (x, h) とすると、

$$\begin{cases} x = v_xt = (v_0\cos\theta)t \\ h = -\frac{1}{2}gt^2 + (v_0\sin\theta)t + h_0 \end{cases}$$

が成り立ちます。これを使って時刻 t におけるボールの位置エネルギー U を計算します。

$$\begin{aligned} U &= mgh \\ &= mg\left(-\frac{1}{2}gt^2 + (v_0 \sin\theta)t + h_0\right) \\ &= \underline{-\frac{1}{2}mg^2t^2 + mgv_0 t \sin\theta} + mgh_0 \end{aligned}$$

したがって、時刻 t における力学的エネルギー E の値は、時刻 t に依存する K と U の 下線部 が相殺して、次のように計算できます。

$$\begin{aligned} E &= K + U \\ &= \frac{1}{2}mv_0^2 + \underline{\frac{1}{2}mg^2t^2 - mgv_0 t \sin\theta} \\ &\quad \underline{-\frac{1}{2}mg^2t^2 + mgv_0 t \sin\theta} + mgh_0 \\ &= \frac{1}{2}mv_0^2 + mgh_0 \\ &= E_0 \end{aligned}$$

したがって、時刻 t における力学的エネルギー E は、時刻 0 における力学的エネルギー E_0 に等しくなり、力学的エネルギー保存則が成り立つことがいえました。

（証明終わり）

●**問題 4-3**（合成関数の微分）

ある物理量 y は時刻 t の関数で、

$$y = \sin \omega t$$

と表されるとします。ここで ω（オメガ）は時刻によらない定数です。このとき、y を t で微分した導関数、

$$\frac{dy}{dt}$$

を t の関数として表してください。

■**解答 4-3**

$\nu = \omega t$ として、合成関数の微分[*5]を行います。

$$\begin{aligned}
\frac{dy}{dt} &= \frac{dy}{d\nu} \cdot \frac{d\nu}{dt} \\
&= \left(\frac{d}{d\nu} \sin \nu\right) \cdot \left(\frac{d}{dt} \omega t\right) \\
&= (\cos \nu) \cdot (\omega) \\
&= \omega \cos \nu \\
&= \omega \cos \omega t
\end{aligned}$$

答　$\dfrac{dy}{dt} = \omega \cos \omega t$

[*5] p. 175 参照。

第5章の解答

●問題 5-1（重力による位置エネルギーと仕事）

質量 m の質点が高さ h にあるときの重力による位置エネルギーを $U(h)$ で表すことにします。$U(0) = 0$ とし、重力加速度を g とします。テトラちゃんの質問に答えてください。

テトラ「$U(h) = mgh$ が成り立ちます。高さ h にある質点を高さ 0 まで落としたら、重力は質点を距離 h だけ動かします。このとき重力が質点に行う仕事は mgh で、質点が持っていた重力による位置エネルギー $U(h)$ に等しくなります。ところで、滑らかな斜面を滑り落ちた場合には、質点の移動する距離 s は h よりも大きくなりますよね。ということは、重力が質点に行う仕事は重力による位置エネルギー $U(h)$ よりも大きくなってしまいます！　あたしの考えは、どこが誤っていますか？」

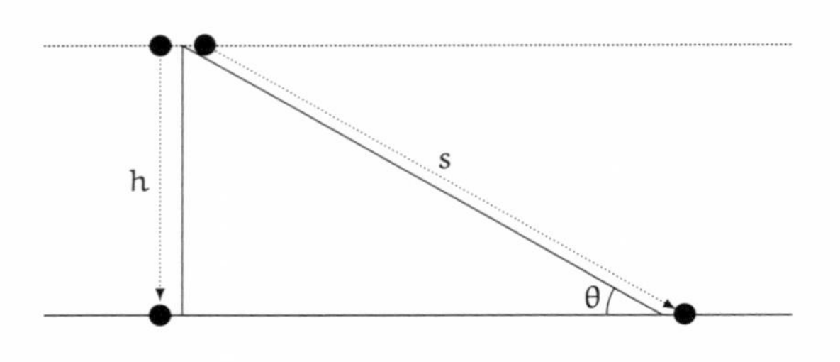

■解答 5-1

テトラちゃんの考えは「重力の向きを考慮せずに仕事を求めている点」が誤っています。

斜面を滑り落ちる場合でも重力が質点に行う仕事は重力による位置エネルギー $U(h)$ に等しいことを示します。

重力は質点に対して鉛直下向きに掛かりますが、質点は斜面を滑り落ちる向きに移動します。

重力の向きと質点の移動する向きが異なるので、質点に対して重力が行った仕事を求めるためには、重力の向きを考慮する必要があります。

地球から質点に掛かる重力の大きさを F とします。$F = mg$ です。

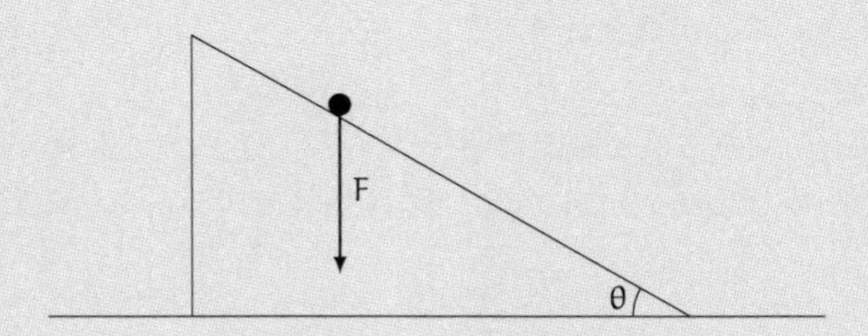

重力を《斜面に平行な向きの成分 F_0》と《斜面に垂直な向きの成分 F_1》の二つに分解します。

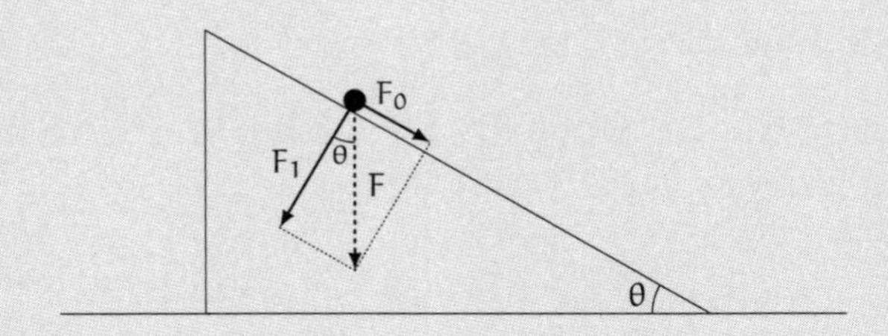

すると、

$$\begin{cases} F_0 = F\sin\theta \\ F_1 = F\cos\theta \end{cases}$$

が成り立ちます。高さ h と、斜面の長さ s には $h = s\sin\theta$ の関係があるので、

$$s = \frac{h}{\sin\theta}$$

がいえます。よって、質点が斜面を滑り落ちるときに重力が質点に対して行う仕事は、

$$F_0 s = (mg \cancel{\sin\theta}) \cdot \frac{h}{\cancel{\sin\theta}} = mgh$$

となり、高さ h にある質点が持っている位置エネルギー $U(h)$ に等しくなることが示されました。

斜面を滑り落ちると距離は $\frac{1}{\sin\theta}$ 倍になりますが、仕事に寄与する重力の成分は $\sin\theta$ 倍になるため、仕事は変わらないのです。

補足

斜面を滑り落ちる質点には、次の二つの力が掛かっています。

- 地球からの重力 F
- 斜面からの垂直抗力 F_2

この垂直抗力 F_2 は、斜面に垂直な重力の成分 F_1 と大きさが等しくて逆向きになります。

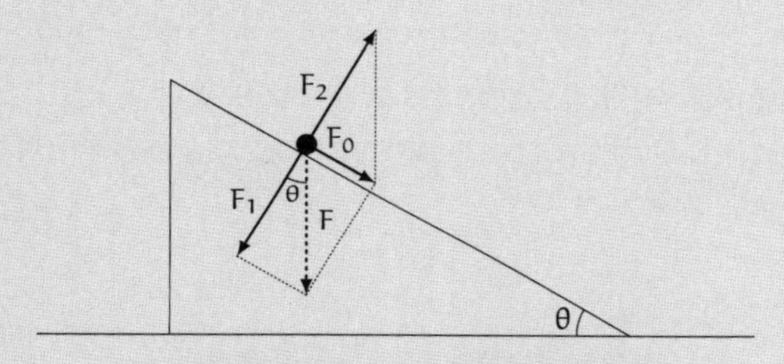

F_2 は、斜面から質点に掛かる垂直抗力

力 F_1 と F_2 は釣り合っているので、F_1 と F_2 の合力は 0 となるため、質点は斜面から飛び上がったり斜面にめり込んだりしません。

また、力 F_1 と F_2 はどちらも滑り落ちる方向に対して垂直方向に働いていますから、これらの力が質点に対して行う仕事は 0 です。

●問題 5-2（仕事ならびにエネルギーの単位）
質点に 1 N の力を掛け、その力の向きに 1 m 動かすときの仕事の大きさを、

1 J（ジュール）

と定めます。これはエネルギーの単位でもあります。1 J を国際単位系（SI）の基本単位で表すと、

$$1\,\mathrm{J} = 1\,\mathrm{kg \cdot m^2/s^2}$$

になります。次の問いに答えてください。

① 質量 $m = 100\,\mathrm{g}$ のボールが速度 $v = 100\,\mathrm{km/h}$ で飛んでいるときの運動エネルギーは何 J ですか（小数第一位を四捨五入して答えてください）。

② 地球上で、質量 50 kg の物体を 10 m 高く上げるのに必要な仕事は何 J ですか。ただし、重力加速度を $g = 9.8\,\mathrm{m/s^2}$ とします。

■解答 5-2

物理量の計算では、**単位を含めて計算する**と間違いが少なくなります。

① 質量 $m = 100\,\mathrm{g}$ のボールが速度 $v = 100\,\mathrm{km/h}$ で飛んでいるときの運動エネルギー $\frac{1}{2}mv^2$ を求めます。単位を換算するために、

- $1\,\mathrm{kg} = 1000\,\mathrm{g}$
- $1\,\mathrm{km} = 1000\,\mathrm{m}$
- $1\,\mathrm{h} = 3600\,\mathrm{s}$

を用います。

$$
\begin{aligned}
\frac{1}{2}mv^2 &= \frac{1}{2} \times (100\,\mathrm{g}) \times (100\,\mathrm{km/h})^2 \\
&= \frac{1}{2} \times \left(100 \times \cancel{\mathrm{g}} \times \frac{\mathrm{kg}}{1000\,\cancel{\mathrm{g}}}\right) \times \left(100 \times \frac{\cancel{\mathrm{km}}}{\cancel{\mathrm{h}}} \times \frac{1000\,\mathrm{m}}{\cancel{\mathrm{km}}} \times \frac{\cancel{\mathrm{h}}}{3600\,\mathrm{s}}\right)^2 \\
&= \frac{1 \times 100 \times 100^2 \times 1000^2}{2 \times 1000 \times 3600^2} \times \frac{\mathrm{kg} \times \mathrm{m}^2}{\mathrm{s}^2} \\
&= 3\underset{9}{\cancel{8.5}}\,\mathrm{kg} \cdot \mathrm{m}^2/\mathrm{s}^2 \qquad \text{(四捨五入)}
\end{aligned}
$$

より、39 J です。

<u>答 39 J</u>

② 物体の質量を $m = 50\,\mathrm{kg}$ とし、持ち上げる高さを $s = 10\,\mathrm{m}$ とします。持ち上げるために必要な力の大きさ F は $F = mg$ ですから、求める仕事は $Fs = mgs$ で計算できます。

$$
\begin{aligned}
Fs &= mgs \\
&= 50\,\mathrm{kg} \times 9.8\,\mathrm{m/s^2} \times 10\,\mathrm{m} \\
&= 50 \times \mathrm{kg} \times 9.8 \times \frac{\mathrm{m}}{\mathrm{s^2}} \times 10 \times \mathrm{m} \\
&= 50 \times 9.8 \times 10 \times \frac{\mathrm{kg} \times \mathrm{m} \times \mathrm{m}}{\mathrm{s^2}} \\
&= 4900\,\mathrm{kg \cdot m^2/s^2} \\
&= 4900\,\mathrm{J}
\end{aligned}
$$

答 4900 J

●問題 5-3（交通安全）

①「100 km/h の速さで走っている質量 1000 kg の自動車が持つ運動エネルギー」は、「100 km/h の速さで飛んでいる質量 100 g のボールが持つ運動エネルギー」の何倍ですか。

② 25 km/h の速さで走っていた自動車が、スピードを上げて 100 km/h の速さになりました。運動エネルギーは何倍になりましたか。

■解答 5-3

① 自動車とボールの速さは等しいので、運動エネルギーの比は質量の比に等しくなります。自動車は 1000 kg でボールは 100 g

ですから、質量は10000倍になります。したがって運動エネルギーも10000倍です。

答　10000倍

②　自動車の質量は変わらないので、運動エネルギーは速さの2乗に比例します。速度の大きさ25 km/hから100 km/hと4倍になったので、運動エネルギーは$4^2 = 16$倍になりました。

答　16倍

●問題5-4（仕事と力学的エネルギー）
静止している質点mに対して、鉛直上向きに一定の大きさを持つ力Fを掛け、高さを0からhまで持ち上げたところ、この質点は、鉛直上向きで大きさvの速度を持ちました。力Fが質点に対して行った仕事が力学的エネルギーの増加に等しいことを示してください。

■解答5-4

この質点には、鉛直上向きに大きさFの力と、鉛直下向きに大きさmgの重力が働いています（gは重力加速度）。この質点が持つ加速度をaとすると、ニュートンの運動方程式より、

$$\underbrace{F - mg}_{\text{質点に働く合力}} = ma$$

が成り立ちます。よって質点の加速度は、

$$a = \frac{F - mg}{m} \cdots\cdots ①$$

で一定となり、この質点は等加速度運動を行います。したがって、高さ 0 にあったときの時刻を 0 とし、h まで高くなったときの時刻を t とすると、

$$\begin{cases} v = at & \cdots\cdots ② \\ h = \frac{1}{2}at^2 & \cdots\cdots ③ \end{cases}$$

が成り立ちます。②から $t = \frac{v}{a}$ で、これを③に代入して整理すると、

$$ha = \frac{1}{2}v^2$$

となります。①より、

$$h\frac{F - mg}{m} = \frac{1}{2}v^2$$

となり、さらに両辺に m を掛けて整理すると、

$$Fh = \frac{1}{2}mv^2 + mgh$$

を得ます。左辺 Fh は力 F が質点に対して行った仕事で、右辺の $\frac{1}{2}mv^2 + mgh$ はこの質点の力学的エネルギーの増加になります。

（証明終わり）

●問題 5-5（地球表面から脱出する速度）
p. 251 で求めた地球表面から脱出する速度（第二宇宙速度）V を具体的に計算しましょう。

$$V = \sqrt{\frac{2GM}{R}}$$

定数は次の数値を用い、得られた結果は有効数字2桁で 9.9×10^{n} m/s の形式で答えてください。

- G は万有引力定数で、$G = 6.67 \times 10^{-11}\ \mathrm{N \cdot m^2/kg^2}$
- M は地球の質量で、$M = 5.97 \times 10^{24}\ \mathrm{kg}$
- R は地球の半径で、$R = 6.38 \times 10^{6}\ \mathrm{m}$

■解答 5-5

単位の換算で $1\ \mathrm{N} = 1\ \mathrm{kg \cdot m/s^2}$ を使います。

$$\begin{aligned}
V &= \sqrt{\frac{2GM}{R}} \\
&= \sqrt{\frac{2 \times (6.67 \times 10^{-11} \times \mathrm{N} \times \mathrm{m^2/kg^2}) \times (5.97 \times 10^{24} \times \mathrm{kg})}{6.38 \times 10^{6} \times \mathrm{m}}} \\
&= \sqrt{\frac{2 \times 6.67 \times 5.97}{6.38} \times 10^{-11+24-6} \times \frac{\mathrm{kg \times m}}{\mathrm{s^2}} \times \frac{\mathrm{m^2}}{\mathrm{kg^2}} \times \frac{\mathrm{kg}}{\mathrm{m}}} \\
&= 1.1\cancel{1} \times 10^{4}\ \mathrm{m/s} \qquad \text{（四捨五入）}
\end{aligned}$$

答　$V = 1.1 \times 10^{4}$ m/s

補足

地球表面から脱出する速度が約 11 km/s ということは、時速に換算すると約 39600 km/h です。地球の周囲が約 40000 km なので、地球を約 1 時間で一周するほどの速度になります。

●問題 5-6（運動量保存則）

宇宙空間に二つの質点 1, 2 があり、質点が持つ質量をそれぞれ m_1, m_2 とし、速度をそれぞれ v_1, v_2 とします。

- 質点 1 に対して質点 2 から働く力を F_1 とし、
- 質点 2 に対して質点 1 から働く力を F_2 とします。

F_1 と F_2 以外の力は働いておらず、二つの質点は一直線上を動いているものとします。このとき、

$$m_1 v_1 + m_2 v_2$$

という物理量は、時刻によって変化しない保存量であることを証明してください。

ヒント：

運動の第三法則（作用・反作用の法則）

質点 A が質点 B に力を掛けるとき、質点 A は質点 B から大きさが等しく逆向きの力を受ける。

■解答 5-6

時刻によって変化しない保存量であることを証明するため、物

理量 $m_1v_1 + m_2v_2$ を時刻 t で微分して 0 になることを示します。

$$\frac{d}{dt}(m_1v_1 + m_2v_2) = \frac{d}{dt}(m_1v_1) + \frac{d}{dt}(m_2v_2)$$
$$= m_1\left(\frac{d}{dt}v_1\right) + m_2\left(\frac{d}{dt}v_2\right)$$

ここで、$a_1 = \frac{d}{dt}v_1$, $a_2 = \frac{d}{dt}v_2$ と置きます。

$$= m_1a_1 + m_2a_2$$
$$= F_1 + F_2 \qquad \text{（ニュートンの運動方程式より）}$$

ところで、作用・反作用の法則により $F_1 = -F_2$ が成り立つので、$F_1 + F_2 = 0$ です。したがって、

$$\frac{d}{dt}(m_1v_1 + m_2v_2) = 0$$

となります。よって、

$$m_1v_1 + m_2v_2$$

という物理量は、時刻によって変化しない保存量であることが示されました。

（証明終わり）

補足

問題 5-6 に登場した物理量を**運動量**といいます。すなわち、

- m_1v_1 を、質点 1 が持つ運動量
- m_2v_2 を、質点 2 が持つ運動量

といいます。

複数の質点をまとめて**質点系**と呼ぶことにします。解答5-6が示しているのは、直線上を運動する二つの質点からなる質点系に対して**外力**（質点系の外部からの力）が働かない場合、質点系が持つ運動量の総和

$$m_1 v_1 + m_2 v_2$$

が時刻によらず一定であることです。

これを一般化した次の法則を**運動量保存則**といいます。

運動量保存則

n 個の質点からなる質点系があり、質量 m_k を持つ質点 k は、速度 $\vec{v}_k$ で運動しているとします（$k = 1, 2, 3, \ldots, n$）。この質点系に対して外力が働かない場合、質点系が持つ運動量の総和

$$m_1 \vec{v}_1 + m_2 \vec{v}_2 + m_3 \vec{v}_3 + \cdots + m_n \vec{v}_n$$

は時刻によらず一定です。これを**運動量保存則**といいます。

もっと考えたいあなたのために

本書の数学＆物理トークに加わって「もっと考えたい」というあなたのために、研究問題を以下に挙げます。解答は本書に書かれていませんし、たった一つの正解があるとも限りません。

あなた一人で、あるいはこういう問題を話し合える人たちといっしょに、じっくり考えてみてください。

第1章　ボールを投げる

●研究問題 1-X1（物体の運動）
あなたも、動画を撮影する機材を使って、さまざまな物体の運動を調べてみましょう。

●研究問題 1-X2（変化する物理量）
時刻 t に応じて変化する物理量 x があるとします。a, b, c を定数としたとき、次のような関係式が成り立つかどうかを調べる方法ならびに定数の具体的な値を求める方法を考えましょう。

① $x = at + b$
② $x = at^2 + bt + c$
③ $x = at^b$
④ $x = a^{bt}$

第2章 ニュートンの運動方程式

●研究問題 2-X1（速度の向き）

投げたボールの速度の向きは、ボールの位置を接点とする接線方向と常に一致します。このことを証明してください。

※ただし、鉛直上向きに投げたときの最高点のように、その点における接線が存在しない場合は除外して考えます。

●研究問題 2-X2（最も遠くに飛ぶ角度）

最も遠くにボールが届くように投げるには、投げる角度を何度にしたらいいでしょうか。初速度の大きさは一定とします。

●研究問題 2-X3（積分と面積）

第2章（p. 90–97）で、僕とユーリが正の面積と負の面積を使って計算を進めたとき、不等式 $t \geqq ♡$ が成り立つことが暗黙の前提となっています。たとえ、$0 \leqq t < ♡$ の場合でも、時刻 t における y 方向の位置は

$$y(t) = -\frac{F}{2m}t^2 + v_y(0)t$$

で表されることを図形的に確かめましょう。

第3章　万有引力の法則

●研究問題 3-X1（地球とボール）
地球とボールに働く引力を考えます。万有引力の法則によれば、「地球がボールを引く力」と「ボールが地球を引く力」の大きさは等しくなります。しかし、ボールは地球に向かって落ちるのに、地球がボールに向かって落ちるようには見えません。これはなぜでしょうか。

●研究問題 3-X2（窓のない物理実験室）
ふと気がつくと、あなたは窓のない物理実験室にいました。窓がないので、外がどうなっているかを直接見ることはできません。物理実験室にある実験器具を使ってかまわないとして、次の問いに答えることはできるでしょうか。

- 物理実験室は、静止していますか。
- 物理実験室は、等速度運動していますか。
- 物理実験室は、等加速度運動していますか。
- 物理実験室は、円運動していますか。
- 物理実験室は、地球上にありますか、月面上にありますか、それ以外のところにありますか。

●研究問題 3-X3（未知の星の質量）
ふと気がつくと、あなたはロケットで未知の星に着陸していました。万有引力定数Gの値はわかっているものとして、あとは何がわかれば、その星の質量を求めることができるでしょうか。また、その方法を使って「地球の質量」を求めてみましょう。

第4章 力学的エネルギー保存則

●研究問題 4-X1（終端速度）
第4章では、重力のみが働いている物体が運動するときに力学的エネルギー保存則が成り立つことから、運動エネルギーが最小になるときに位置エネルギーが最大になることを利用して、投げたボールが達する最大の高さを求めました(p. 170)。ところで、重力による位置エネルギーはいくら高さが低くなっても最小にはなりませんから、重力のみが働いている物体は落ちれば落ちるほど運動エネルギーは大きくなります。しかし、高い雨雲から落ちてくる雨粒は地上付近でほぼ等速運動になります[*1]。これはどうしてでしょうか。

●研究問題 4-X2（微分可能性）
第4章では、時刻で微分したら0になることを使って、力学的エネルギー保存則を証明していました。ところで数学では、ある関数を微分するときには、微分可能かどうかを調べる必要があります。力学的エネルギーを表す式は微分可能といえるでしょうか。

*1 このときの速度を**終端速度**といいます。

第5章 宇宙へ飛び出そう

●研究問題 5-X1（地球表面から脱出するエネルギー）
第5章では、地球表面から脱出する速度（第二宇宙速度）を求めました。これをもとにして、あなたと同じ質量を持つ物体が地球表面から脱出するのに必要なエネルギーを求めましょう。

●研究問題 5-X2（運動量保存則の《発見》）
第5章の問題5-6では、$m_1v_1 + m_2v_2$ という式が与えられて運動量保存則を示しました（p. 334）。いきなりこの式から始めるのではなく、ニュートンの運動方程式を時刻で積分することにより運動量保存則を導きましょう。

あとがき

こんにちは、結城浩です。

『数学ガールの物理ノート／ニュートン力学』をお読みくださって、ありがとうございます。

本書は、ニュートンの運動方程式、運動の法則、万有引力の法則、力学的エネルギー保存則、ケプラーの法則、そして数学と物理学の関係といったニュートン力学をめぐる一冊となりました。

ニュートンは1665年と1666年に、当時ロンドンで大流行していたペストを避けるために故郷に戻っています。そこで彼は、微分法のもとになる流率法の研究を進め、万有引力の法則のアイディアを得、光学の実験を行いました。一年半という短い期間に多くの仕事がなされたので、この期間は「驚異の年」と呼ばれています。

物理学は、私たちが生きているこの宇宙を実験と観察によって調べ、数学を駆使して研究していく心躍る学問です。本書が扱っているニュートン力学は、その入口に相当します。

本書では、物理学の法則を数学的に導く場面がいくつも登場します。物理学に出てくるさまざまな概念は決してバラバラに存在するのではなく、数学的に深く関連していることがわかるでしょう。ユーリ、テトラちゃん、ミルカさん、そして「僕」といっしょにその様子を楽しんでいただけたならうれしいです。

本書は、ケイクス（cakes）での Web 連載「数学ガールの秘密ノート」第271回から第280回までを書籍として再編集したものです。物理学の内容が多くなりましたので「数学ガールの物理ノート」という新しいシリーズにまとめることにしました。

これで、三つのシリーズが生まれたことになります。

- **「数学ガールの物理ノート」**シリーズは、やさしい物理学を題材にした対話形式の物語。
- **「数学ガールの秘密ノート」**シリーズは、やさしい数学を題材にした対話形式の物語。
- **「数学ガール」**シリーズは、もっと幅広く本格的な数学を題材にした物語。

どのシリーズも、中学生と高校生たちが数学＆物理学トークを楽しく繰り広げています。ぜひ、応援してくださいね。

本書は、LaTeX 2ε と Euler フォント（AMS Euler）を使って組版しました。組版では、奥村晴彦先生の『LaTeX 2ε 美文書作成入門』に助けられました。感謝します。図版は、OmniGraffle, TikZ, TeX2img を使って作成しました。感謝します。

執筆途中の原稿を読み、貴重なコメントを送ってくださった、以下の方々と匿名の方々に感謝します。当然ながら、本書中に残っている誤りはすべて筆者によるものであり、以下の方々に責任はありません。

安福智明さん、井川悠祐さん、池島将司さん、石井雄二さん、
石宇哲也さん、稲葉一浩さん、上原隆平さん、植松弥公さん、
大畑良太さん、岡内孝介さん、梶田淳平さん、郡茉友子さん、
杉田和正さん、田中健二さん、中山琢さん、平田敦さん、

藤田博司さん、梵天ゆとりさん（メダカカレッジ）、
前野昌弘さん、前原正英さん、増田菜美さん、松森至宏さん、
三國瑶介さん、村井建さん、森木達也さん、矢島治臣さん、
山田泰樹さん。

「数学ガールの秘密ノート」と「数学ガール」の両シリーズをずっと編集してくださっているSBクリエイティブの野沢喜美男編集長に感謝します。

執筆を応援してくださっている読者のみなさんに感謝します。

最愛の妻と子供たちに感謝します。

本書を最後まで読んでくださり、ありがとうございます。

では、次の本でまたお会いしましょう！

2021年6月

結城 浩

60
5
10
15
20
25
30
35
40
45
50
55

参考文献と読書案内

斧でねらうのは薪割り台だ。
薪をねらっては駄目なんだ。
薪を通り過ぎ、突き抜け、薪割り台をねらえ。
——Annie Dillard, “The Writing Life”

読み物

[1] 朝永振一郎, 『物理学とは何だろうか（上）』, 岩波書店, ISBN978-4-00-420085-7, 1979 年.

歴史の流れを追いながら「物理学というもの」を描き出している読み物です。〔本書に関連する話題として、ケプラーの法則、ガリレオによる慣性の法則、ニュートンによる万有引力の法則などを含んでいます〕

[2] アインシュタイン＋インフェルト, 石原 純 訳, 『物理学はいかに創られたか（上）』, 岩波書店, ISBN978-4-00-400014-3, 1963 年.

人間は、自然界の現象に対応する観念をどのように構築してきたのか。その流れを平易な表現で描き出している読み物です。

伝記

[3] オーウェン・ギンガリッチ 編集代表, ジェームズ・R・ヴォールケル, 林 大 訳, 『ヨハネス・ケプラー　天文学の新たなる地平へ』, 大月書店, ISBN978-4-272-44057-3, 2010 年.

ケプラーが、ティコ・ブラーエやガリレオ・ガリレイと関わり、ケプラーの法則を発見する様子が書かれている簡潔な伝記です。

[4] オーウェン・ギンガリッチ 編集代表, ジェームズ・マクラクラン, 野本陽代 訳, 『ガリレオ・ガリレイ　宗教と科学のはざまで』, 大月書店, ISBN978-4-272-44043-6, 2007 年.

ガリレオ・ガリレイが、実験と観測を行って運動を研究していく様子が書かれている簡潔な伝記です。

[5] オーウェン・ギンガリッチ 編集代表, ゲイル・E・クリスティアンソン, 林大 訳, 『ニュートン　あらゆる物体を平等にした革命』, 大月書店, ISBN978-4-272-44056-6, 2009 年.

ガリレオ・ガリレイとデカルトの影響を受けたニュートンが、数学を学び、微積分学、運動の法則、万有引力の法則などを発見した様子が書かれている簡潔な伝記です。

数学ガールの秘密ノート

[6] 結城 浩, 『数学ガールの秘密ノート／微分を追いかけて』, SB クリエイティブ, ISBN978-4-7973-8231-0, 2015 年.

点の位置と速度のグラフから始まって、具体的な計算をしながら微分を学んでいく読み物です。〔本書に関連する話題として、位置、速度、加速度、合成関数の微分などを含んでいます〕

[7] 結城浩, 『数学ガールの秘密ノート／積分を見つめて』, SB クリエイティブ, ISBN978-4-7973-9138-1, 2017 年.

速度や距離といった日常的な例から積分を学んでいく読み物です。〔本書に関連する話題として、位置、速度、加速度などを含んでいます〕

[8] 結城浩, 『数学ガールの秘密ノート／ベクトルの真実』, SB クリエイティブ, ISBN978-4-7973-8232-7, 2015 年.

たくさんの図と具体例を通して、ベクトルを学んでいく読み物です。〔本書に関連する話題として、力の釣り合い、力の合成、作用・反作用の法則、ベクトルの和、差、内積などを含んでいます〕

[9] 結城浩, 『数学ガールの秘密ノート／丸い三角関数』, SB クリエイティブ, ISBN978-4-7973-7568-8, 2014 年.

三角関数の cos と sin を基本から学んでいく読み物です。〔本書に関連する話題として、cos と sin の定義、直角三角形との関係、ベクトルの基本などを含んでいます〕

教科書・参考書

[10] G. ポリア, 柿内賢信（かきうちよしのぶ） 訳, 『いかにして問題をとくか』, 丸善株式会社, ISBN978-4-621-04593-0, 1954 年.

数学教育を題材にして、どうやって問題というものを解いていくかを解説した参考書です。《未知のものは何か》、《与えられているものは何か》、《定義にかえれ》、《結果をためすことができるか》のような、問題を解く上で大切になる《問いかけ》や《呼びかけ》が多数書かれています。

[11] 國友正和（くにともまさかず）ほか, 『改訂版 物理』, 数研出版, 2020 年.

[12] 國友正和ほか,『改訂版 高等学校 物理 II』, 数研出版, 2007 年.

[13] 三浦 登 ほか,『改訂 物理』, 東京書籍株式会社, 2020 年.

[14] 山本明利＋左巻健男 編著,『新しい高校物理の教科書』, 講談社, ISBN978-4-06-257509-6, 2006 年.

教科書検定の枠にとらわれず、物理学のストーリー性を重視している教科書です。〔本書に関連する話題として、力、運動の法則、仕事とエネルギー、力学的エネルギー保存則などを含んでいます〕

[15] 吉田 武,『虚数の情緒——中学生からの全方位独学法』, 東海大学出版会, ISBN978-4-486-01485-0, 2000 年.

数学と物理を中心に、基礎から手を動かすのをいとわず学ぶ大著です。「第 III 部　振り子の科学」でニュートン力学を扱っています。〔本書に関連する話題として、ガリレオの実験、運動の法則、力学的エネルギー保存則などを含んでいます〕

[16] 前野昌弘,『よくわかる初等力学』, 東京図書, ISBN978-4-489-02149-7, 2013 年.

力の釣り合いから、運動の法則、三つの保存則（運動量、力学的エネルギー、角運動量）、振動、万有引力まで書かれた教科書です。初学者が誤解しやすい点が細かいところまで解説されています。「11.1.4 逆自乗則の性質」では、万有引力を考える際に地球全体を一つの質点に見なせる理由が解説されています。〔本書全体で参考にしました〕

[17] 江沢 洋,『力学—高校生・大学生のために』, 日本評論社, ISBN978-4-535-78501-4, 2005 年.

力の釣り合いから始まり、先を急がずにじっくりと力学を学んでいく参考書です。〔運動の独立性、線積分、準

静的な操作について参考にしました〕

[18] 江沢洋,『物理は自由だ［1］力学 改訂版』, 日本評論社, ISBN978-4-535-60806-1, 2004 年.

教科書や授業の枠に縛られずに物理を学んでいく参考書です。巻末の「読者からの手紙, 著者の返事」が非常におもしろい読み物になっています。〔本書全体で参考にしました〕

[19] 砂川重信（すなかわしげのぶ）,『力学の考え方 物理の考え方I』, 岩波書店, ISBN978-4-00-007891-7, 1993 年.

天動説と地動説、運動の法則、万有引力、エネルギー保存則、角運動量保存則、多粒子系の力学、連続体の力学、解析力学について書かれた本です。歴史的な背景にも触れ、法則同士の相互関係もよくわかるように書かれています。〔本書全体で参考にしました〕

[20] リチャード・ファインマン, 坪井忠二（つぼいちゅうじ） 訳,『ファインマン物理学I』, 岩波書店, ISBN978-4-00-007711-8, 1986 年.

読みやすく書かれていて、著者が話しかけてくるように感じる教科書です。複雑な内容にもかかわらず、出てくる数式は驚くほど少なく抑えられています。なお、英語版は Web で読むことができます[*1]。〔本書全体で参考にしました〕

[21] 原島鮮（はらしまあきら）,『力学（三訂版）』, 裳華房, ISBN978-4-7853-2020-1, 2018 年（第 66 版）.

力学の教科書です。〔力学的エネルギー保存則の導出について参考にしました〕

[*1] https://www.feynmanlectures.caltech.edu/

歴史的文書

[22] アイザック・ニュートン, 中野猿人（なかのましと） 訳・注,『プリンシピア 自然哲学の数学的原理 第I編 物体の運動』, 講談社, ISBN978-4-06-516387-0, 2019年.

ニュートンの主著、その第I編です。運動の法則について述べたあと、物体のさまざまな運動が論じられています。

[23] アイザック・ニュートン, 中野猿人 訳・注,『プリンシピア 自然哲学の数学的原理 第III編 世界体系』, 講談社, ISBN978-4-06-516657-4, 2019年.

ニュートンの主著、その第III編です。運動の法則などの科学的原理から、万有引力の法則、木星の衛星の運動、地球と月の運動を導いています。

[24] ガリレオ・ガリレイ, 今野武雄（こんのたけお）+日田節次（ひだせつじ） 訳,『新科学対話（上）』, 岩波書店, ISBN978-4-00-339063-4, 1995年.

三人の人物の対話形式で、物体の運動を初めとする科学的な議論を行う歴史的な読み物です。

[25] ガリレオ・ガリレイ, 今野武雄+日田節次 訳,『新科学対話（下）』, 岩波書店, ISBN978-4-00-339064-1, 1995年.

三人の人物の対話形式で、物体の運動を初めとする科学的な議論を行う歴史的な読み物です。〔第1章の「ガリレオの実験」について参考にしました〕

[26] ガリレオ・ガリレイ, 山田慶兒（やまだけいじ）+谷 泰（たにゆたか） 訳,『偽金鑑識官』, 中公バックス 世界の名著 26 所収, 中央公論社, ISBN978-4-12-400636-0, 1995年（第4版）.

資料

[27] 国立天文台編,『理科年表 2021』, 丸善出版, ISBN978-4-621-30560-7, 2020 年.
〔地球の赤道半径、重力加速度、万有引力定数などの各種定数値ならびに単位について参考にしました〕

索引

欧文

ア

カ

サ

タ

ナ

ハ

●結城浩の著作

『C 言語プログラミングのエッセンス』，ソフトバンク，1993（新版：1996）
『C 言語プログラミングレッスン　入門編』，ソフトバンク，1994
　（改訂第 2 版：1998）
『C 言語プログラミングレッスン　文法編』，ソフトバンク，1995
『Perl で作る CGI 入門　基礎編』，ソフトバンクパブリッシング，1998
『Perl で作る CGI 入門　応用編』，ソフトバンクパブリッシング，1998
『Java 言語プログラミングレッスン（上）（下）』，
　ソフトバンクパブリッシング，1999（改訂版：2003）
『Perl 言語プログラミングレッスン　入門編』，
　ソフトバンクパブリッシング，2001
『Java 言語で学ぶデザインパターン入門』，
　ソフトバンクパブリッシング，2001（増補改訂版：2004）
『Java 言語で学ぶデザインパターン入門　マルチスレッド編』，
　ソフトバンクパブリッシング，2002
『結城浩の Perl クイズ』，ソフトバンクパブリッシング，2002
『暗号技術入門』，ソフトバンクパブリッシング，2003
『結城浩の Wiki 入門』，インプレス，2004
『プログラマの数学』，ソフトバンクパブリッシング，2005
『改訂第 2 版 Java 言語プログラミングレッスン（上）（下）』，
　ソフトバンククリエイティブ，2005
『増補改訂版 Java 言語で学ぶデザインパターン入門　マルチスレッド編』，
　ソフトバンククリエイティブ，2006
『新版 C 言語プログラミングレッスン　入門編』，
　ソフトバンククリエイティブ，2006
『新版 C 言語プログラミングレッスン　文法編』，
　ソフトバンククリエイティブ，2006
『新版 Perl 言語プログラミングレッスン　入門編』，
　ソフトバンククリエイティブ，2006
『Java 言語で学ぶリファクタリング入門』，
　ソフトバンククリエイティブ，2007
『数学ガール』，ソフトバンククリエイティブ，2007
『数学ガール／フェルマーの最終定理』，ソフトバンククリエイティブ，2008
『新版暗号技術入門』，ソフトバンククリエイティブ，2008

『数学ガール／ゲーデルの不完全性定理』，
　ソフトバンククリエイティブ，2009
『数学ガール／乱択アルゴリズム』，ソフトバンククリエイティブ，2011
『数学ガール／ガロア理論』，ソフトバンククリエイティブ，2012
『Java 言語プログラミングレッスン　第 3 版（上・下）』，
　ソフトバンククリエイティブ，2012
『数学文章作法　基礎編』，筑摩書房，2013
『数学ガールの秘密ノート／式とグラフ』，
　ソフトバンククリエイティブ，2013
『数学ガールの誕生』，ソフトバンククリエイティブ，2013
『数学ガールの秘密ノート／整数で遊ぼう』，SB クリエイティブ，2013
『数学ガールの秘密ノート／丸い三角関数』，SB クリエイティブ，2014
『数学ガールの秘密ノート／数列の広場』，SB クリエイティブ，2014
『数学文章作法　推敲編』，筑摩書房，2014
『数学ガールの秘密ノート／微分を追いかけて』，SB クリエイティブ，2015
『暗号技術入門　第 3 版』，SB クリエイティブ，2015
『数学ガールの秘密ノート／ベクトルの真実』，SB クリエイティブ，2015
『数学ガールの秘密ノート／場合の数』，SB クリエイティブ，2016
『数学ガールの秘密ノート／やさしい統計』，SB クリエイティブ，2016
『数学ガールの秘密ノート／積分を見つめて』，SB クリエイティブ，2017
『プログラマの数学　第 2 版』，SB クリエイティブ，2018
『数学ガール／ポアンカレ予想』，SB クリエイティブ，2018
『数学ガールの秘密ノート／行列が描くもの』，SB クリエイティブ，2018
『C 言語プログラミングレッスン　入門編　第 3 版』，
　SB クリエイティブ，2019
『数学ガールの秘密ノート／ビットとバイナリー』，SB クリエイティブ，2019
『数学ガールの秘密ノート／学ぶための対話』，SB クリエイティブ，2019
『数学ガールの秘密ノート／複素数の広がり』，SB クリエイティブ，2020
『数学ガールの秘密ノート／確率の冒険』，SB クリエイティブ，2020
『再発見の発想法』，SB クリエイティブ，2021

本書をお読みいただいたご意見、ご感想を以下の QR コード、URL よりお寄せください。

https://isbn2.sbcr.jp/09771/

数学ガールの物理ノート／ニュートン力学

2021 年 7 月 27 日　初版発行
2021 年 9 月　7 日　第 2 刷発行

著　者：結城　浩
発行者：小川　淳
発行所：SBクリエイティブ株式会社
〒106-0032　東京都港区六本木 2-4-5
営業　03(5549)1201
編集　03(5549)1234
印　刷：株式会社リーブルテック
装　丁：米谷テツヤ
カバー・本文イラスト：たなか鮎子

落丁本，乱丁本は小社営業部にてお取り替え致します。
定価はカバーに記載されています。

Printed in Japan　ISBN978-4-8156-0977-1